Alena Martin-Ruland
Zwischen Gott, Mensch und Teufel

Vigilanzkulturen /
Cultures of Vigilance

Herausgegeben vom / Edited by
Sonderforschungsbereich 1369
Ludwig-Maximilians-Universität München

Wissenschaftlicher Beirat
Erdmute Alber, Peter Burschel, Thomas Duve,
Rivke Jaffe, Isabel Karremann, Christian Kiening und
Nicole Reinhardt

Band / Volume 11

Alena Martin-Ruland

Zwischen Gott, Mensch und Teufel

—

Beobachtungskonstellationen in der deutschen Flugpublizistik der Frühen Neuzeit

DE GRUYTER

Gefördert durch die Deutsche Forschungsgemeinschaft (DFG) – Projektnummer 394775490 – SFB 1369

Bei dieser Publikation handelt es sich um die überarbeitete Fassung einer an der Ludwig-Maximilians-Universität München eingereichten Dissertation.

ISBN 978-3-11-132068-7
e-ISBN (PDF) 978-3-11-132315-2
ISBN (EPUB) 978-3-11-132336-7
ISSN 2749-8913
DOI https://doi.org/10.1515/9783111323152

Dieses Werk ist lizenziert unter der Creative Commons Namensnennung - Nicht kommerziell - Keine Bearbeitungen 4.0 International Lizenz. Weitere Informationen finden Sie unter https://creativecommons.org/licenses/by-nc-nd/4.0/

Die Bedingungen der Creative-Commons-Lizenz für die Weiterverwendung gelten nicht für Inhalte (z. B. Grafiken, Abbildungen, Fotos, Auszüge usw.), die nicht Teil der Open-Access-Publikation sind. Diese erfordern ggf. die Einholung einer weiteren Genehmigung des Rechteinhabers. Die Verpflichtung zur Recherche und Klärung liegt allein bei der Partei, die das Material weiterverwendet.

Library of Congress Control Number: 2024935219

Bibliografische Information der Deutschen Nationalbibliothek
Die Deutsche Nationalbibliothek verzeichnet diese Publikation in der Deutschen Nationalbibliografie; detaillierte bibliografische Daten sind im Internet über http://dnb.dnb.de abrufbar.

© 2024 bei den Autorinnen und Autoren, publiziert von Walter de Gruyter GmbH, Berlin/Boston
Dieses Buch ist als Open-Access-Publikation verfügbar über www.degruyter.com

Titelbild: *Schaw=Platz/ Aller Schnadrigen/ Vielschwåtzigen/ Bapplerin* […], Herzog August Bibliothek Wolfenbüttel: IE 110.
Printing and binding: CPI books GmbH, Leck

www.degruyter.com

Für B

Inhalt

1 Einleitung —— 1

2 Diabolische Beobachtung in allegorischen Bild-Text-Arrangements —— 13
2.1 Dauerhafte Wachsamkeit als religiöser Appell —— 13
2.2 Zum Zusammenhang zwischen Beobachtung und menschlicher Vernunft —— 30

3 Diabolische Beobachtung in Bezug auf realhistorische Ereignisse —— 46
3.1 Weibliche Geschwätzigkeit als Ablenkung —— 46
3.2 Zur Spiegelung von Selbst- und Fremdbeobachtung —— 63
3.3 Von echten und metaphorischen Pulverfässern – das Innere des Menschen als unbeobachtbare Gefahr —— 72
3.4 Steigerungsformen – der diabolische Feind in den eigenen Reihen —— 91
3.5 Zur Entlarvung ‚falscher' Teufel —— 103
3.5.1 Von (jesuitischen) Täuschungen ... —— 103
3.5.2 ... und aufmerksamen Töchtern —— 118

4 Fazit —— 127

Literaturverzeichnis —— 130

Abbildungsverzeichnis —— 141

1 Einleitung

Eine gängige Vorstellung vom Teufel in der europäisch-christlichen Vormoderne war die einer allgegenwärtigen Gefahr.[1] Durch seine Verführungen bedrohte er den Menschen unentwegt als das Böse schlechthin. Eine der größten Herausforderungen stellte dabei der Gestaltwandel des diabolischen Feindes dar.[2] Er konnte sich dem Menschen sowohl in konkreter Erscheinung als auch in Form eines klösterlichen Mitbruders, Nachbarn oder Tieres präsentieren. Um den Teufel dennoch greifbar zu machen, wurden ihm bestimmte äußerliche Erkennungsmerkmale zugeschrieben. So konnten Indizien wie etwa Hörner, Bocksfuß und Schweif darauf hinweisen, dass es sich bei dieser Gestalt um den Teufel handeln musste.[3] Ikonographische Darstellungen des Teufels zielten vor allem darauf ab, seine Monstrosität hervorzuheben. Um die große Bedrohung deutlich zu machen, die von ihm ausging, sollte bereits sein bloßer Anblick das Publikum in Angst versetzen.[4] Im Gros dieser populärästhetisch furchterregenden Darstellungen des Teufels fallen nun vor allem erzählerische und graphische Umsetzungen auf, die einen merkbar anderen Weg einschlagen. Hierbei handelt es sich um Inszenierungen, in denen der Teufel gerade nicht plakativ in Erscheinung tritt, sondern als lauernder Beobachter auftritt, der heimlich und unablässig wachsam auf Gelegenheiten wartet, um den Menschen zur Sünde zu verführen.

Die vorliegende Arbeit geht der Frage nach der Funktionsweise einer solchen, von der gängigen Darstellung abweichenden Inszenierung des Teufels als latente Gefahr auf Flugblättern der Frühen Neuzeit nach. Es gilt herauszustellen, inwiefern solche Bild-Text-Kombinationen ihre Wirksamkeit in Bezug auf eine wachsame Beobachtung gegenüber dem Teufel durch diese spezifische Gestaltung gerade zu erhöhen suchen. Folgende Leitfragen sind dabei richtungsweisend für die Analyse: Welche Beobachtungskonstellationen zwischen Gott, Mensch und Teufel werden inszeniert und welche bildlichen und textuellen Strategien und Effekte der Auf-

---

1 Zu früh- und hochmittelalterlichen Teufelsvorstellungen vgl. Goetz, *Gott*; zur Untersuchung von Teufelsimaginationen unter dem Aspekt der Angst vgl. Dinzelbacher, *Angst*, sowie Delumeau, *La peur*.
2 Zur Vielgestaltigkeit des Teufels, die entscheidend zur Effizienz seines Wirkens beiträgt vgl. Goetz, *Gott*, S. 229.
3 Zur möglichen Entlarvung des Teufels durch solche immer wieder aufgerufenen Konkretisierungen vgl. Struwe-Rohr, Blinde Flecken, S. 400; zur Tendenz in der (spät-)mittelalterlichen Ikonographie, den Teufel einseitiger und damit eindeutiger darzustellen, sowie zu den einzelnen Zuschreibungsmerkmalen vgl. Goetz, *Gott*, S. 241f.; zu letzteren vgl. auch Grimm, Cap. XXXIII. Teufel.
4 Zur furchteinflößenden Funktion mittelalterlicher Teufelsikonographie vgl. u. a. Goetz, *Gott*, sowie Dinzelbacher, *Angst*.

merksamkeitslenkung werden dabei erkennbar? Wie werden Mechanismen sozialer Interaktion und Kontrolle hierbei in Form einer wechselseitigen Selbst- und Fremdbeobachtung mitverhandelt? Welche Rolle spielen Teufelsimaginationen bei der Darstellung von sündhaftem Verhalten, insbesondere bei schweren Vergehen wie Mord? Inwiefern werden hierbei Narrative der Verantwortlichkeit, Schuldzuweisung oder sogar Entlastung miteinander abgestimmt? Im Fokus der analytischen Betrachtung soll zudem die oftmals erst auf den zweiten Blick erkennbare, charakteristische Ambivalenz des Teufels stehen. Bild- und textimmanent changiert seine Wesensbestimmung zwischen personalem äußeren Feind und der Imagination einer innerseelischen Gefährdung im Selbst. Diese Wahrnehmungsproblematik überträgt sich als rezeptionsästhetisches Irritationsmoment auf die übergeordnete Beobachtungsebene der Betrachtenden des Flugblattes. Es soll gezeigt werden, auf welche Weise individuelle Wachsamkeit, die zugleich überindividuelle, der sozialen Gemeinschaft zuträgliche Ziele verfolgt, über diese spezifische Lenkung des Rezeptionsprozesses besonders wirkungsvoll erprobt und eingeübt werden kann.

Das Untersuchungsfeld der Arbeit macht sie dabei für mehrere Forschungsbereiche anschlussfähig. Hierzu zählen zunächst die Medien- und Kommunikationswissenschaft sowie die interdisziplinäre Wachsamkeits- und Aufmerksamkeitsforschung.[5] Im vorliegenden Kontext jedoch soll die Arbeit vor allem als Positionierung innerhalb der interdisziplinären Flugblattforschung unter besonderer Berücksichtigung des analytischen Potentials von illustrierten Flugblättern als intermediale Bild-Text-Kombinationen verstanden werden.[6] Zudem leistet die

---

5 Bei Wachheit und Aufmerksamkeit handelt es sich um Begriffe, die interdisziplinär viel diskutiert werden. Für die Fragestellung und Analyse der vorliegenden Arbeit ist vor allem die bisherige Forschung aus kultur- und sozialwissenschaftlicher sowie historischer Perspektive anschlussfähig; zur Beleuchtung der Thematik aus kultur- und sozialwissenschaftlicher Sicht generell vgl. Hempel/Krasmann/Bröckling, *Sichtbarkeitsregime*; mit Blick auf mediale Entwicklungen vgl. Assmann/Assmann, *Aufmerksamkeiten*; Franck, *Ökonomie*; Löffler, *Verteilte Aufmerksamkeit*; zur historischen Erforschung der Aufmerksamkeit mit Schwerpunkt auf der Kriminalitätsgeschichte sowie Teilen der Sozial- und Alltagsgeschichte vgl. u. a. Blauert/Schwerhoff, *Kriminalitätsgeschichte*; Dinges, *Justiznutzung*; Landwehr, *Policey*, Schwerhoff, *Historische Kriminalforschung*; sowie zur Rolle der Aufmerksamkeit bei der Sozialdisziplinierung vgl. Schulze, Gerhard Oestreichs; Schilling, Disziplinierung; Schmidt, Sozialdisziplinierung; zur sinnesgeschichtlichen Erforschung von Aufmerksamkeit mit Schwerpunkt auf den Blick vgl. Nelson, *Visuality*, sowie Rimmele/Stiegler, *Visuelle Kulturen*.

6 Zum produktiven Spannungsverhältnis zwischen Bild- und Textteil des illustrierten Flugblatts vgl. v. a. den 2015 erschienenen, von Alfred Messerli und Michael Schilling herausgegebenen Band zur Intermedialität des Flugblatts in der Frühen Neuzeit, in dem verschiedene Beiträge versammelt werden, die eine solche Bild-Text-Kombination nicht nur als formal konstitutive, sondern als ana-

Untersuchung einen innovativen Beitrag zur Erforschung der christlichen Teufelsfigur, indem sie sich weniger der Vorstellungen und Wandlungen der Teufelsfigur selbst, sondern vielmehr ihrer Funktion in bestimmten sozialen Problemkonstellationen widmet. Damit richtet sie sich gegen die makrohistorischen Überblicksdarstellungen über den Teufel, die seit langem ihren Platz in der Forschung finden.[7] Die vorliegende Arbeit schließt vielmehr an neuere (literaturwissenschaftliche) Spezialstudien an, die das vielfältige, sinnstiftende Potential der Teufelsfigur in den Vordergrund rücken; so etwa Studien zur Kommunikation mit Teufeln in verschiedenen mittelalterlichen und frühneuzeitlichen kulturellen Zeugnissen[8], zum Aufstieg des Teufels zur Reflexionsfigur theologischer und Projektionsfigur poetologischer Fragen in der Frühen Neuzeit[9], sowie zu den ästhetischen Möglichkeitsräumen der Teufelsfigur[10]. Die Untersuchung steht damit vor allem der Thesenbildung einer eindimensionalen Nutzbarmachung des Teufels als Schreckensfigur entgegen, um den konfessionellen oder politischen Feind zu diffamieren.[11] Im Fokus soll vielmehr die darüber hinausgehende, ambivalente bildliche und textuelle Inszenierung der Teufelsfigur mit Blick auf ihre Wirksamkeit bei der Erzeugung und Einübung von individueller Wachsamkeit im Vordergrund stehen.[12]

Um die Entwicklung solcher Wachsamkeitsnarrative innerhalb einer frühneuzeitlichen kulturellen Praxis zu erforschen, ist das illustrierte Flugblatt aus mehreren Gründen zentral. Zunächst lässt sich dies durch seine herausragende Stellung innerhalb des durch den Buchdruck transformierten frühneuzeitlichen

---

lytisch besonders wirksame Voraussetzung des Mediums sichtbar werden lassen (Messerli/Schilling, *Die Intermedialität*).
7 Zu Untersuchungen etwa mit kultur-, religions- und philosophiegeschichtlichen Schwerpunktsetzungen vgl. bereits Rosskoff, *Geschichte*; Di Nola, *Der Teufel*; Flasch, *Der Teufel*; Flusser, *Die Geschichte*; Goetz, *Gott*; Kelly, *Satan*; Muchembled, *Une histoire*; Obadia, *Satan*; zur Erforschung der literarischen Stofftradition vgl. Alsheimer, *Katalog*; Osborn, *Die Teufelliteratur*, sowie Röhrich, *German Devil Tales*.
8 Vgl. Bockmann/Gold, *Turpiloquium*.
9 Vgl. Bergengruen, *Die Formen*.
10 Vgl. Eming/Fuhrmann, *Der Teufel*.
11 Zu protestantisch-propagandistischer und antijesuitischer Verteufelung des konfessionellen Gegners auf Flugblättern und in Flugschriften vgl. etwa Lüneburg, *Tyrannei*, sowie Niemetz, *Antijesuitische Bildpublizistik*; zur grenzziehenden Funktionalisierung von Teufelsvorstellungen auf frühreformatorischen Flugschriften vgl. Löhdefink, *Zeiten*, bes. S. 54.
12 Besonders anschlussfähig sind hierbei die Überlegungen von Michael Waltenberger zur teuflischen Ereignishaftigkeit auf Flugblättern von Heinrich Wirri. In seinem Beitrag macht er bereits wichtige Beobachtungen zur Darstellung des Teufels als Figur, die zwischen einem wahrnehmbaren Außen des faktischen Geschehens und unsichtbaren Innen der Intentionalität changiert (Waltenberger, *Teuflische Ereignishaftigkeit*, bes. S. 153).

Kommunikationsnetzwerkes begründen. Illustrierte Flugblätter sind hierbei nicht als isolierte Mediengruppe zu betrachten, sondern als Teil eines frühneuzeitlichen Medienverbundes, zu dem auch Flugschriften und Zeitungen zählten.[13] Innerhalb dieses Komplexes übernahmen Flugblätter und Flugschriften beide als Akzidenzien oftmals ähnliche Funktionen. Dennoch wies das Flugblatt „spezifische Vorzüge auf, wie das Bild, die Plakativität, die Prägnanz, Präsenz und Vielseitigkeit [...]"[14], wodurch es seine herausragende Stellung auf dem frühneuzeitlichen Markt des Kleinschrifttums behaupten konnte. Als meist einseitig bedruckte, lose Einzelblätter wurden Flugblätter in großen Städten – den Druckzentren dieser Zeit – schnell und in hoher Stückzahl produziert.[15] Anschließend konnten sie leicht vertrieben werden, indem sie entweder durch Kolportage oder an öffentlichen Plätzen zum Kauf angeboten wurden. Der Inhalt der Blätter konnte dabei im Aushang gesehen oder beim intendierten Vorlesen gehört werden. Rezipiert wurden die Blätter oftmals im Kollektiv.[16] In kurzer Zeit konnte so ein breites Publikum erreicht werden. Trotz zahlreicher Variationen kann die äußere Form des illustrierten Flugblatts vereinfacht auf die drei grundsätzlichen Bestandteile Titel, Bild- und Textteil heruntergebrochen werden. Thematisch waren dem Medium dabei keine Grenzen gesetzt.[17]

Illustrierte Flugblätter waren darauf ausgelegt, Sachverhalte für ihr Publikum sichtbar zu machen. Innerhalb der frühneuzeitlichen Stadtgesellschaft übernahmen sie dadurch zahlreiche Funktionen.[18] Die möglichst sachliche Berichterstat-

---

13 Zum frühneuzeitlichen Medienverbund und der Rolle anlassgebundener Publikationen vgl. Bellingradt, *Flugpublizistik*; Schilling, Das Flugblatt; ders., *Bildpublizistik*, sowie Harms/Schilling, *Das illustrierte Flugblatt*.
14 Harms/Schilling, *Das illustrierte Flugblatt*, S. 12.
15 In Bezug auf ihre relative Schnelllebigkeit wird auch von ‚fliegenden' Blättern gesprochen; vgl. dazu u. a. Harms/Schilling, *Das illustrierte Flugblatt*, S. 24 f.; Bellingradt, *Flugpublizistik*, S. 11, sowie Münkner, *Eingreifen*, S. 7 f.; zum Zusammenhang von Stadt und Publizistik vgl. u. a. Schilling, *Bildpublizistik*, sowie dessen Spezialstudie hierzu (Schilling, Stadt, v. a. S. 114 f.); ebenfalls hierzu vgl. die umfangreiche Studie von Daniel Bellingradt, in der er sich unter anderem intensiv mit frühneuzeitlichen Städten als medialen Resonanzräumen und der aktivierenden und intensivierenden Rolle von Flugpublizistik innerhalb der innerstädtischen Kommunikation auseinandersetzt (Bellingradt, *Flugpublizistik*, v. a. S. 370 f.).
16 Zur Kollektivrezeption von Flugpublizistik vgl. u. a. Bellingradt, *Flugpublizistik*, S. 17; zur Einbeziehung mehrerer Sinne bei der Flugblattrezeption vgl. Warncke, *Sprechende Bilder*, S. 322 f., sowie Harms, *Bildlichkeit*, S. 15 f.
17 Zur Themenvielfalt illustrierter Flugblätter generell vgl. u. a. Harms, Das illustrierte Flugblatt, S. 68 f., Münkner, *Eingreifen*, S. 9, sowie Adam, Theorien, S. 136.
18 Michael Schilling spricht in diesem Kontext von der ‚Polyfunktionalität' von Flugblättern (Schilling, *Bildpublizistik*, S. 9); übernommen wird der Begriff unter anderem von Wolfgang Adam in seinem Beitrag zu grundsätzlichen Fragestellungen der Flugblattforschung (Adam, Theorien, S. 132),

tung über (tages-)politische und militärische Themen gehörte ebenso zu ihrem Repertoire wie die Darstellung unerklärlicher Naturphänomene und Wunderzeichen. Neben ihrer Nutzbarmachung als Informationsquelle waren Flugblätter zudem konfessionell-propagandistischen, aber auch religiös-erbaulichen Zwecken dienlich.[19] In einem streng geregelten frühneuzeitlichen Alltag war außerdem ihr Unterhaltungswert nicht zu unterschätzen.[20] Diesen suchten die Blätter etwa durch sensationelle Inhalte wie einer besonders brutalen Darstellung von Verbrechen sowie der Verbreitung spöttischer Inhalte zu erzielen. Flugblätter entwickelten in der Kultur der Frühen Neuzeit auch dadurch eine besondere Relevanz, dass sie sich mit den Hoffnungen und Ängsten der Menschen – nicht zuletzt vor den Verführungen des Teufels – auseinandersetzten. Letztere evozierten sie dabei oftmals bewusst, um anschließend Muster zu ihrer Bewältigung erkennen zu lassen.[21] Illustrierte Flugblätter nahmen hierbei eine doppelte Beobachtungsrolle ein: So waren sie zugleich Medien *der* und – durch die zur-Schau-Stellung ihrer Inhalte – auch solche *zur* (sozialen) Beobachtung.[22] Indem sich Flugblätter der Probleme der Menschen annahmen, kam ihnen ebenso eine sozialdisziplinierende Rolle zu.[23] Sie konnten Einfluss auf die Wahrnehmung eines zeitgenössischen Publikums nehmen und diese bewusst lenken.[24]

---

sowie von Jörn Münkner in seiner Studie zur performativen Wahrnehmung von Flugblättern und ihrer kulturtechnischen Dimension (Münkner, *Eingreifen*, S. 7).
19 Zum propagandistischen Einsatz von Flugpublizistik etwa in der Zeit des Dreißigjährigen Krieges vgl. die Studie von Silvia Tschopp (Tschopp, *Heilsgeschichtliche Deutungsmuster*); zu den thematischen Schwerpunkten und den Gestaltungsprinzipien erbaulicher illustrierter Flugblätter vgl. die Arbeit von Eva-Maria Bangerter-Schmid (Bangerter-Schmid, *Erbauliche illustrierte Flugblätter*).
20 Vor allem Michael Schilling setzt sich mit dieser entlastenden Funktion illustrierter Flugblätter von den sozialen Zwängen des stark reglementierten frühneuzeitlichen Alltags auseinander (Schilling, *Bildpublizistik*, v. a. ab S. 231); speziell zu den Auswirkungen der Lebensbedingungen wie beispielsweise der physischen Enge frühneuzeitlicher Städte auf bestimmte Mentalitätsmuster vgl. Schilling, Stadt, S. 132 f.
21 Zu einer solchen bewussten Instrumentalisierung von Flugblättern vgl. Schilling, Flugblatt, S. 47 f.
22 Dabei mussten sich illustrierte Flugblätter zumindest aus obrigkeitlicher Sicht selbst einer Beobachtung unterziehen lassen; zur obrigkeitlichen Kontrolle und Steuerung der Buch- und Flugblattproduktion sowie zur politischen und moralischen Zensur vgl. Schilling, *Bildpublizistik*.
23 Michael Schilling, hat sich genauer mit der Funktion von Flugblättern in den sozialregulierenden und -disziplinierenden Entwicklungen der Frühen Neuzeit analytisch auseinandergesetzt sowie den Zusammenhang mit und Unterschieden zu den unzähligen Polizeiordnungen dieser Zeit hergestellt (vgl. Schilling, *Bildpublizistik*, v. a. ab S. 214).
24 In der Eigenschaft von Medien als „gesellschaftlich vermittelte Instrumente der Wahrnehmung" sieht Alfred Messerli die Notwendigkeit begründet, den Rezeptionsprozess ins Zentrum flugpublizistischer Untersuchungen zu stellen (Messerli, Intermedialität, S. 19); zu verschiedenen wahrnehmungssteuernden Präsentationsmodi in Flugblättern vgl. Münkner, Verführung, S. 191.

Wie in der bisherigen Forschung bereits herausgestellt wurde, war eine wahrnehmungsbeeinflussende Wirkung von illustrierten Flugblättern maßgeblich von ihrer intermedialen Beschaffenheit mitbestimmt, also von dem Zusammenspiel zwischen Wort und Schrift.[25] Dabei ist besonders die aufmerksamkeitserregende Wirkung des graphischen Bestandteils innerhalb dieses medialen Gefüges zentral. Als Voraussetzung, um auf dem Markt des Kleinschrifttums konkurrenzfähig zu bleiben, galt es zunächst, das Interesse einer möglichen Käuferschaft zu wecken. Das Bild fungierte hierbei als ‚Blickfang', als Mittel also, um die Blicke Betrachtender – auch und gerade solcher, die zufällig vorbeiliefen – auf sich zu ziehen.[26] Um eine solche sofortige Wirkung zu erzielen, war eine Gestaltung mit Überzeugungskraft notwendig.[27] Diese wiederum konnte vor allem dadurch erzeugt werden, dass das Bild bekannte Darstellungstraditionen und daran angeknüpfte Erwartungshaltungen aufrief oder diese offensichtlich unterlief.[28] Doch reichte die Funktion des Bildes weit über eine solche visuelle Stimulation hinaus.[29] Die Illustration war keinesfalls nur dasjenige Element des Flugblattes, das den Inhalt des Blattes für den analphabetischen Teil der Bevölkerung übermittelte und durch simples Betrachten zugänglich machte.[30] Auch die Sprache der Bilder war durchaus komplex; um diese zu verstehen, bedurfte es einer gewissen „Dekodierungskom-

---

25 Zum Verständnis von Intermedialität als Medienkombination im engeren Sinne vgl. Rajewsky, *Intermedialität*, S. 15 f.; Jörg Robert bezeichnet die Frühe Neuzeit als „Zeitalter der Intermedialität", aus dem solche Formen der Medienkombination gut bekannt sind (Robert, Intermedialität, S. 3 f.).
26 Zur dominanten Rolle des Bildes in Bezug auf seine aufmerksamkeitsstimulierende Funktion vgl. u. a. Harms, Text, S. 133; Schilling, *Bildpublizistik*, S. 62; Adam, Theorien, S. 133; Schilling, Bildgebende Verfahren, S. 61, sowie Messerli, War das illustrierte Flugblatt, S. 29 f., der darauf hinweist, dass der Blick der Betrachtenden durch das Bild bewusst gelenkt wird; Tina Asmussen kann zeigen, dass sich solche Strategien zur Aufmerksamkeitssteigerung nicht auf das Bild beschränken, sondern sich auch im Text von illustrierten Flugblättern etwa durch drucktechnische Hervorhebungen finden lassen (Asmussen, *wir werden ja*, S. 116).
27 Wolfgang Harms spricht in diesem Zusammenhang von der „persuasive[n] Kraft des Bildes" (Harms/Schilling, *Das illustrierte Flugblatt*, S. 21), die sich im illustrierten Flugblatt mit der rhetorischen Wirkung des Textes verbindet.
28 Zum Zusammenhang zwischen dem Aufgreifen traditioneller Muster und den Sehgewohnheiten des zeitgenössischen Publikums auf illustrierten Flugblättern vgl. Schilling, *Bildpublizistik*, S. 70; speziell zum Spiel von Erfüllung und Enttäuschung visueller Erwartungen vgl. Warncke, *Sprechende Bilder*, S. 322 f.
29 Hierzu bereits Vögel, Beobachtungen, S. 87.
30 Schon Rudolf Schenda stellte das ‚Bilderlesen' als mehrstufigen Dekodierungsakt dar (Schenda, Bilder, S. 89 f.), was wiederum Alfred Messerli dazu veranlasste, die Annahme, Bilder seien die Lesestoffe der Analphabeten, als „historische[s] Fehlurteil" zu beurteilen (Messerli, War das illustrierte Flugblatt, S. 25); zur eigenständigen Argumentationsweise und -struktur vom Bild im frühneuzeitlichen Flugblatt vgl. Warncke, Der visuelle Mehrwert, S. 47 und S. 54 f.

petenz".[31] Das Bild musste auf seine intendierte Botschaft hin entschlüsselt werden. Es ist damit ein eigenständiger Bestandteil des illustrierten Flugblattes, der eine eigenwertige Leistung erfordert. Somit ist die Möglichkeit des Bildteils, die Aufmerksamkeit des Publikums zu erregen, zumindest analytisch als gleichwertig mit derjenigen des Textteils anzusehen.[32] Sein volles Wirkungspotential entfaltet das Medium also erst dann, wenn die graphische und textuelle Narration nicht als austauschbare oder sich lediglich ergänzende Komponenten betrachtet werden, sondern als aufeinander Bezug nehmende Konstituenten. Erst in einem Rezeptionsprozess des wechselseitigen ‚Durchschreitens' erzielt das illustrierte Flugblatt seine Wirkung.[33] Denn dabei treten ebenjene von Michael Schilling beschriebenen „Reibungen, Widersprüchlichkeiten und Bruchlinien"[34] hervor, durch die das jeweilige Blatt an reflexiver Komplexität und Überzeugungskraft gewinnt.

Das Überschreiten medialer Grenzziehungen auf Flugblättern erzeugt demnach Spannungen. Diese betreffen zunächst die wahrnehmungsästhetische Beobachtungsebene. Beobachtung bezieht sich dabei auf das aufmerksame Betrachten eines Flugblattes durch die Rezipierenden, um Informationen daraus zu generieren. Über dieses physische (An-)Sehen hinaus umfasst der Blick auf das Blatt jedoch auch dessen Wahrnehmung. Letztere bezeichnet den aktiven Prozess, visuell erfasste Sinneseindrücke zu verstehen und zu deuten.[35] Rezipierende sind damit nicht nur passive Empfänger visueller Informationen, sondern beteiligen sich durch ihre Rezeption aktiv an der Konstruktion von Bedeutung im kulturellen und sozialen Kontext ihrer persönlichen Erfahrung.[36] Besonders prägnant kann dieser Prozess

---

31 Adam, Theorien, S. 135.
32 Wolfgang Harms kann eine verknüpfende Betrachtung von Bild und Text bereits früh als notwendige methodische Voraussetzung für die Flugblattforschung herausstellen (Harms/Schilling, Das illustrierte Flugblatt, S. 21); wie in den daran anschließenden Forschungsbeiträgen, allen voran im Band zur Intermedialität des Flugblatts (vgl. Anm. 6), soll sie auch den Detailanalysen der vorliegenden Arbeit als Prämisse dienen.
33 Alfred Messerli konstatiert, dass in den meisten Fällen anzunehmen ist, dass der Rezeptionsakt eines illustrierten Flugblatts beim Bild beginnt (Messerli, War das illustrierte Flugblatt, S. 29); als Voraussetzung für die angemessene Lektüre gilt es dann jedoch, das anzuwenden, was Horst Wenzel als „das Oszillieren des Blicks" beschreibt, also „der kontinuierliche Wechsel von dem einen Bereich zum anderen" (Wenzel, Der Heyden, S. 68).
34 Schilling, Das Flugblatt, S. 28.
35 Zur Unterscheidung zwischen syntaktischer Aufmerksamkeitsleistung und semantischem, also erkennendem Sehen vgl. Schürmann, Sehen, S. 71; zum Verständnis von Wahrnehmungsvorgängen als aktive Leistung Betrachtender bereits seit Descartes vgl. Pfisterer, ‚Wahrnehmung', S. 479.
36 So konstatiert Eva Schürmann in ihrer sozialtheoretischen Abhandlung zum Sehen als Praxis, dass „[m]an [...] kulturellen Gepflogenheiten und persönlichen Referenzen gemäß [sieht]" (Schürmann, Sehen, S. 25). Wahrnehmungsvollzüge sind ihr zufolge „zugleich kulturell geprägt und kulturprägend" (ebd., S. 166).

anhand ambivalenter Inszenierungen der Teufelsfigur nachgezeichnet werden, die in Bild und Text unterschiedlich ausfallen und die hierdurch auf eine aufmerksamkeitssteigernde Wirkung zielen. In diesen Fällen ist oftmals nicht mehr eindeutig zu bestimmen, welche Funktion der Teufel auf dem Flugblatt einnimmt. Er kann sowohl als aktiver Bestandteil des bildlich oder textuell Dargestellten oder aber als Teil der Darstellung, also zum Beispiel als zeichenhafte Hinweisfigur Einzug erhalten. Eine solche von gewohnten Mustern möglicherweise abweichende Inszenierung des Teufels kann Störungen im Rezeptionsprozess hervorrufen. Diese wiederum können der intendierten Wirkung eines Flugblattes nur dienlich sein.[37] Denn zum einen wird hierdurch die Aufmerksamkeit Rezipierender erregt. Deren Bewusstsein wird also zielgerichtet auf den Inhalt des Flugblattes und auf die Informationen fokussiert, die es durch die spezifische Darstellungsform zu transportieren sucht.[38] Zum anderen nutzen Flugblätter ihre medialen Voraussetzungen gezielt dafür, um die mit dem Teufel verbundenen Unsicherheiten für ihr Publikum erfahrbar zu machen. Die oftmals uneindeutige Darstellung der Teufelsfigur regt zu einem aktiven Durchdenken des Dargestellten an. Dies wiederum wird zur Voraussetzung für eine erhöhte Wachsamkeit, einem Zustand einzelner Betrachtender also, der im Gegensatz zur punktuellen Aufmerksamkeit umfassender und anhaltender ist. Wachsamkeit bedeutet, über einen längeren Zeitraum hinweg einen hohen Grad an Aufmerksamkeit aufrechtzuerhalten und eine erhöhte geistige Bereitschaft zu entwickeln, um auf Gefahren, wie etwa teuflische Bedrohungen, in der eigenen Umgebung zu reagieren.[39]

Unsicherheiten im Rezeptionsprozess liegen zunächst also im wahrnehmungsästhetischen Beobachten, dem Ansehen und Wahrnehmen von Flugblättern begründet. Darüber hinaus sind sie jedoch auch auf den prekären ontologischen Status des Teufels selbst zurückführen. Die besondere Position des Teufels in der christlichen Theologie begründet sich nach Niklas Luhmann vor allem durch die unterschiedlichen Beobachtungspositionen von Gott und Teufel. Im systemtheoretischen Sinn bezieht sich Beobachtung dabei nicht nur auf das einfache Sehen oder

---

37 Mit Blick auf den Zusammenhang zwischen dem bildlich Dargestellten und der Zeitlichkeit des Bildbetrachtens konnte Johannes Grave jüngst herausstellen, dass Widersprüchlichkeiten *im* Bild die Beschäftigung *mit* dem Bild dadurch erhöhen, dass Betrachtende durch hierdurch notwendig gewordene Abwägungen verschiedener Sicht- und Verständnisweisen immer weiter *in* das Bild verstrickt werden (Grave, *Bild*, S. 57).
38 Zur Verlängerung von Aufmerksamkeitsleistungen durch ein bestimmtes Systemdesign, wie etwa eine interessante Graphik, vgl. Brendecke, Wachsame Arrangements, S. 23.
39 Zur Funktionalität und Zeitstruktur einer solchen effizienten Wachsamkeit im Sinne einer möglichst langen Bindung einer einmal gewonnenen Aufmerksamkeit vgl. Brendecke, Wachsame Arrangements.

Wahrnehmen von etwas, sondern ist in einem abstrakteren Sinn zu verstehen. Beobachtung beschreibt hier, wie Systeme Sinn erfassen und Informationen generieren, indem sie Unterscheidungen treffen, bei denen etwas als das Eine und nicht das Andere markiert wird.[40] Luhmann zufolge ist nun zunächst davon auszugehen, dass sich das irdische Geschehen dem ‚Beobachtergott' vollständig, ohne ‚blinde Flecken' darstellt.[41] Als übergeordneter Beobachter in der Transzendenz kann er bis in die Seele der Gläubigen hineinschauen, entzieht sich selbst jedoch jeder Form von Beobachtbarkeit. Indem der Teufel aber genau das versucht, nämlich Gott zu beobachten, grenzt er sich von ihm ab und führt eine moralische Differenz ein.[42] Der Teufel wird hierdurch zum Widersacher Gottes und unfreiwilligen Erfüllungsgehilfen von dessen Heilsplan. Denn durch den nie abklingenden diabolischen „Verführungsaktivismus"[43] wird begründet, dass sich der Mensch immer wieder neu in seinem Denken und Handeln vom Bösen abgrenzen und für Gott entscheiden muss.[44]

Da der Teufel selbst – im Unterschied zu Gott – kein providentielles Wissen besitzt, ist er, um den Menschen zur Sünde zu verführen, auf Gelegenheiten in der immanenten Welt angewiesen, die er selbst herbeiführt oder auf die er unablässig wachsam lauert. Indem der Teufel den Menschen nun nicht aus transzendenter, sondern immanenter Position beobachtet, wird er hierdurch auch für den Menschen beobachtbar.[45] Dieses potentiell wechselseitige Beobachtungsverhältnis soll im Folgenden als ‚diabolische Vigilanz' bezeichnet werden.[46] Für den Menschen wird die Beobachtung des Teufels nun aus zwei Gründen zum Problem: Zum einen

---

40 Zur systemtheoretischen Operation der Beobachtung vgl. Luhmann, *Die Kunst*, S. 99 f.
41 Zum „Sonderstatus" (Luhmann, *Die Religion*, S. 158) des christlichen, konsequent transzendent gedachten „Beobachtergottes" (ebd., S. 156) vgl. Struwe-Rohr/Waltenberger, Einleitung, S. 6 f.
42 Zur Beobachtung als Unterscheidungsvorgang vgl. Luhmann, *Gesellschaft*, S. 882; zur moralischen Differenz, die der Teufel durch die Beobachtung Gottes erzeugt, vgl. Krause, *Luhmann*, S. 247 f.
43 Luhmann, *Die Religion*, S. 164 und S. 167.
44 Zum diabolischen Verführungsaktivismus als Bedingung moralischer Zurechnung vgl. Struwe-Rohr/Waltenberger, Einleitung, S. 6 f.
45 Zum Wissen des Teufels, das sich lediglich graduell und nicht kategorial von dem des Menschen unterscheidet, indem es an immanente Bezüge gebunden bleibt, vgl. Struwe-Rohr/Waltenberger, Einleitung, S. 7.
46 Die Terminologie bezieht sich auf die Überlegungen sowohl des SFB 1369 „Vigilanzkulturen. Techniken, Räume, Transformationen", der die kulturellen Varianten und aktuellen Formen von Wachsamkeit grundlegend untersucht, als auch auf die des darin eingegliederten Teilprojekts „Diabolische Vigilanz: Internalisierte Wachsamkeit und soziale Kontrolle in spätmittelalterlichen und frühneuzeitlichen Teufelserzählungen" (Alena Martin-Ruland/Hannah Michel/Carolin Struwe-Rohr/Michael Waltenberger).

ist die menschliche Aufmerksamkeit nicht auf Dauer angelegt.[47] Genau die Momente, in denen sie nachlässt, werden zum Einfallstor für den Teufel. Zum anderen ist es die unkalkulierbare Variabilität der teuflischen Verführungen, die es besonders schwer macht, ihn zu beobachten oder wahrzunehmen. Der Teufel kann sowohl als äußerlich handelnder Feind wie auch als Figuration innerer Selbstgefährdung auftauchen. Um sich vor diabolischen Übergriffen zu schützen, wird die Fremdbeobachtung anderer Mitmenschen damit ebenso notwendig wie die Selbstbeobachtung des eigenen Inneren, wo sich der Teufel bereits verbergen könnte.

Die bisherigen Ausführungen haben gezeigt, dass die Teufelsfigur auf illustrierten Flugblättern ihre Wirkung sowohl über die subjektive Erfahrung Rezipierender als auch auf der Ebene sozialer Strukturen im Sinne einer gegenseitigen Beobachtung aller gegenüber allen entfaltet. Die genaue Funktionsweise einer solchen spezifischen Nutzbarmachung soll in der vorliegenden Studie anhand dichter Analysen einschlägiger Bild-Text-Kombinationen nun genauer erforscht werden. Das Kernkorpus der Arbeit setzt sich dabei vornehmlich aus deutschsprachigen Flugblatt-Exemplaren des 16. und 17. Jahrhunderts zusammen.[48] Der Untersuchungszeitraum ergibt sich zunächst aus den epochalen religiösen, politischen und sozialen Umbrüchen dieser Zeit, auf die der Markt reagierte.[49] Gleichzeitig soll die Untersuchung unterschiedlicher Flugblätter zu verschiedenen Zeitpunkten innerhalb des gesamten Untersuchungszeitraums gewährleisten, dass sich aus den hier gewonnenen Erkenntnissen weiterführende Thesen zum Spektrum möglicher Präsentationsweisen von Wachsamkeitsphänomenen formulieren lassen.

---

[47] Zur Zeitlichkeit von Wachsamkeit und deren Betrachtung ausgehend von unterschiedlichen historischen Konstellationen vgl. Brendecke/Reichlin, *Zeiten*.

[48] Wie zahlreichen vorherigen Beiträgen zur Flugblattforschung diente auch dieser Arbeit die von Wolfgang Harms, Michael Schilling und anderen herausgegebene, derzeitig sieben Bände umfassende kommentierte Edition *Deutsche illustrierte Flugblätter des 16. und 17. Jahrhunderts* als zentraler Anknüpfungspunkt für die eigenen Analysen; darüber hinaus stellte das Verzeichnis der im deutschen Sprachraum erschienenen Drucke des 16. bzw. 17. Jahrhunderts eine hilfreiche digitale Anlaufstelle zur Korpusbildung dar; Ähnliches gilt für die Recherche nach einschlägigen Flugblattexemplaren aus der Bildersammlung des Johannes Wick, die in neu digitalisierter und rekatalogisierter Form durch die Zentralbibliothek Zürich zugänglich gemacht wurde.

[49] Als die für die Flugblattproduktion besonders folgenreichen Ereignisse sind an dieser Stelle die Reformation und der Dreißigjährige Krieg hervorzuheben. Zum quantitativ markant herausragenden Höhepunkt der politischen Publizistik in den Jahren 1619/21 und 1631/32 vgl. Schilling, *Bildpublizistik*, S. 177 f., sowie zum signifikanten Anstieg der Produktion von Flugschriften in den Jahren 1520–1526 vgl. Löhdefink, *Zeiten*, S. 24 f.

Um solchen Transformationen systematisch nachgehen zu können, ist der Hauptteil der Arbeit in zwei große Abschnitte gegliedert. Zum einen geht es dabei um diabolische Beobachtung in allegorischen Bild-Text-Kombinationen, zum anderen um eine ebensolche Beobachtung in Bezug auf realhistorische Ereignisse. Im Fokus eines jeden Unterkapitels steht ein Flugblatt, das aufgrund seiner inhaltlichen und formalen Relevanz für die Frage nach spezifischen Inszenierungen der Beobachtungskonstellation zwischen Gott, Mensch und Teufel und den damit einhergehenden Wachsamkeitsproblematiken für die Analyse ausgewählt worden ist. Zur Überprüfbarkeit der Thesen sollen die exemplarischen Einzelanalysen um die Betrachtung von zusätzlichem Begleitmaterial ergänzt werden. Dabei handelt es sich um weitere Flugblätter oder Flugschriften, die sich thematisch zwar um das Ausgangsbeispiel gruppieren, sich aber möglicherweise mit deutlich anderer Gewichtung oder gänzlich ohne Teufelsbezug mit der jeweiligen Problematik auseinandersetzen. Die zusätzliche Einbeziehung von Flugschriften bietet sich einerseits deshalb an, da die Mediengrenzen zum Flugblatt oftmals fließend waren und sich zahlreiche thematische Überschneidungen feststellen lassen.[50] Andererseits unterschieden sich beide Medien formal in wichtigen Punkten voneinander. So handelte es sich bei der Flugschrift um ein meist mehrseitiges Medium, bei dem der Bildteil zudem eine deutlich geringere Bedeutung hatte als beim Flugblatt. Kleinere Illustrationen kamen oft nur als Titelgraphiken zum Einsatz. Gerade diese medialen Differenzen versprechen, den Vergleich mit Blick auf die besonderen Formen der bildlichen und textuellen Modellierung von Beobachtungskonstellationen zwischen Gott, Mensch und Teufel fruchtbar zu machen.

Am Anfang der Untersuchungsreihe steht die Betrachtung von Flugblättern, die sich Wachsamkeits- und Beobachtungsproblematiken in Bezug auf teuflische Verführungen aus moraltheologischer Richtung nähern. In diesen oftmals allegorischen Bild-Text-Kombinationen geht es zunächst um eine religiös begründete Wachsamkeit zur Wahrung des eigenen Seelenheils. Im Fokus stehen die Schwierigkeiten, die sich für Gläubige mit Blick auf die ständig lauernden Anfechtungen des teuflischen Gestaltenwandlers ergeben. Hierbei werden bereits die religiösen Prämissen diabolischer Vigilanz etabliert, die bei der daran anschließenden Betrachtung realhistorischer Ereignisse vorausgesetzt werden. Moralische und soziale Dimensionen der Thematik werden zwar immer wieder miteinander verknüpft und das aus den moraltheologischen flugpublizistischen Abhandlungen generierte

---

50 Zur oftmals problematischen (terminologischen) Unterscheidung beider Medien vgl. Bellingradt, *Flugpublizistik*, S. 12 f.; zur Sinnhaftigkeit und darüber hinaus auch Notwendigkeit, Flugblätter und Flugschriften trotz ihrer Differenzen aus systematischer Sicht gemeinsam zu betrachten vgl. etwa Adam, Theorien, S. 134; Harms/Schilling, *Das illustrierte Flugblatt*, S. 25 f., sowie Schilling, Das Flugblatt, S. 36 f.

Wissen über die Beobachtung des Teufels kann für die Bewältigung spezifischer Beobachtungssituationen in der Realität entsprechend aufbereitet und nutzbar gemacht werden.[51] Es lässt sich jedoch ebenso feststellen, dass in zunehmender Tendenz Appelle gegen soziale Devianzen in den Fokus der Blätter rücken, welche die rein religiösen Inhalte überlagern. Vermehrt wird vor Verhaltensweisen gewarnt, die der sozialen Gemeinschaft etwa in Bezug auf deren ökonomische Prosperität oder Sicherheit unzuträglich sind. Um moralischen Vergehen vorzubeugen, muss Wachsamkeit nun bedeuten, sein eigenes Handeln und das seiner Mitmenschen aufmerksam zu beobachten. Auch hier sind es die Herausforderungen in Bezug auf die Beobachtbarkeit des Teufels und der von ihm ausgehenden Verführungen, die primär verhandelt werden sollen. Hierzu zählen sowohl die Unbeobachtbarkeit seelischer Innenräume als auch hyperbolische Steigerungsformen einer grundsätzlich eingeforderten Wachsamkeit, die in der Überfixierung auf teuflische Erscheinungen resultieren können.[52] Als Medium der Vigilanz schlechthin ließe sich das im Flugblatt insofern in zweifacher Hinsicht bezeichnen: es macht unsichtbare Gefahren sichtbar, markiert aber zugleich auch Grenzen von Sichtbarkeit und menschlicher Beobachtungsfähigkeit.

---

51 Zu den Mischungserscheinungen von religiösem und weltlichem Bereich der Inhalte, Aussageträger und den Adressaten beim illustrierten Flugblatt der Frühen Neuzeit vgl. Harms, *Bildlichkeit*, S. 54.
52 Besonders anschlussfähig sind hierbei die Überlegungen von Carolin Struwe-Rohr, die dieser Problematik bereits vertieft in Hans Rosenplüts „Die Tinte" nachgegangen ist (vgl. Anm. 230).

2 Diabolische Beobachtung in allegorischen Bild-Text-Arrangements

2.1 Dauerhafte Wachsamkeit als religiöser Appell

Die flugpublizistische Modellierung von diabolischer Vigilanz ist stets von Wechselspielen zwischen Imagination und Realität, Bild und Text, dem Einzelnen und dem Kollektiv geprägt. Wachsamkeit gegenüber der teuflischen Gefahr wird hierdurch auf mehreren Ebenen notwendig und erzeugt. Das gilt insbesondere für Beobachtungskonstellationen in allegorischen Szenen, denen ein Uneigentliches immer schon inhärent ist.[53] Wachsamkeit gegenüber dem Teufel meint dann ebenso einen physiologischen Zustand wie eine innere Geisteshaltung. Besonders hervorgehoben wird dies von dem in der Mitte des 17. Jahrhunderts erschienenen Flugblatt *Aufweckende Stunden-Wache*[54] (Abb. 1), das den Menschen zur erhöhten und dauerhaften Wachsamkeit gegenüber dem Teufel aufruft. Das Blatt dient der Arbeit als Einstieg, da es weniger eine bestimmte als vielmehr ganz verschiedene Stoßrichtungen der Thematik überblicksartig darstellt. Nicht zuletzt an seiner eigenen pluralisierenden formalen und inhaltlichen Gestaltung erkennbar, kann es als eine Art Vigilanz-Zusammenschau gelten. Hier entfaltet sich ganz grundlegendes moraltheologisches Wissen über die diabolische Vigilanz. Um dies genauer beschreiben zu können, sollen die verschiedenen zeitlichen und räumlichen Aspekte des Flugblattes ebenso herausgearbeitet werden wie bestimmte Figurentypen und Ausformungen des Teufels sowie deren biblische Bezüge. Als Appell konzipiert, soll einerseits ein klares Feindbild identifiziert werden, auf das die Aufmerksamkeit Rezipierender gelenkt werden soll. Andererseits stellt das Blatt die vielfältigen Schwierigkeiten heraus, die einer solchen eingeforderten Wachsamkeit möglicherweise entgegenstehen könnten. Diese sind sowohl in der Wandelbarkeit des Teufels begründet als auch in der Unmöglichkeit, menschliche Wachsamkeit auf Dauer zu stellen. Das Blatt versucht ein pointiertes physiologisches Aufwecken durch seine rhetorischen Mittel zu erreichen. Vor allem über die zentralen Motive des Wächters sowie der (geistigen) Uhr wird darauf hingewiesen, dass es als Verteidigung gegen die teuflischen Verführungen vor allem einer geistigen Wachsamkeit bedarf, welche der:die Gläubige

---

53 Zur Entschlüsselung und Deutung eines allegorischen Gesamtbildes und seiner Details durch die Betrachtenden vgl. Warncke, *Sprechende Bilder*, S. 193.
54 *Aufweckende Stunden-Wache*. Erscheinungsort nicht ermittelbar, [Mitte des 17. Jahrhunderts], Flugblattexemplar der Herzog August Bibliothek Wolfenbüttel: IT 78; vgl. *DIF III*, Nr. 106 (kommentiert von Eva-Maria Bangerter); vgl. auch Wang, *Miles Christianus*, Abb. 18.

Open Access. © 2024 bei den Autorinnen und Autoren, publiziert von De Gruyter. Dieses Werk ist lizenziert unter einer Creative Commons Namensnennung 4.0 International Lizenz.
https://doi.org/10.1515/9783111323152-002

Abbildung 1: *Aufweckende Stunden-Wache*, Mitte des 17. Jahrhunderts, Flugblattexemplar der Herzog August Bibliothek Wolfenbüttel.

kontinuierlich aufrechterhalten muss. Denn nur so, im Modus einer dauerhaften inneren Selbstbeobachtung lässt sich der Heilsungewissheit begegnen, die bis zum Ende des Lebens bestehen bleibt.[55]

Die *pictura* des Flugblatts zeichnet sich zunächst durch ihre kompositorische Frequenz aus.[56] Formal besteht sie aus einem rechteckigen Schmuckrahmen, in den eine ovale Graphik eingefügt ist. In den vier Ecken zwischen Rahmen und Graphik verteilen sich symmetrisch ebenso ovale Textfelder, die Zitate aus dem Neuen Testament beinhalten.[57] Es entsteht eine Art Textkollage, in der die Inschriften das jeweils benachbarte Bild motivieren. Überdies weist die Illustration eine Vielzahl an sinntragenden Einzelmotiven auf. Eine klare Struktur ergibt sich hierbei durch den Turm, der sich vom unteren Bildrand bis ins obere Drittel der Graphik erstreckt. Symmetrisch formieren sich in einer halbkreisartigen Anordnung mehrere Figuren um ihn. Es handelt sich hierbei um die in mehrfacher Erscheinung auftretenden teuflischen Mächte auf der Welt. Dabei geht es zunächst nicht um die Darstellung des Teufels selbst, sondern um seine Verführungen im übertragenen Sinne, die hier zur Veranschaulichung in konkreter Erscheinung sichtbar gemacht werden.[58] Den multiplen teuflischen Nachstellungen werden (metaphorische) Möglichkeiten entgegengestellt, um sich vor ihnen schützen zu können. Sie erscheinen im Bild als Personifikationen bekannter moraltheologischer Motive: So ist auf der linken Seite der Graphik ein geistlicher Ritter abgebildet, der die Handlungsoption verkörpert, Angriffe des diabolischen Feindes aktiv mit den Waffen seines eigenen Glaubens zu bekämpfen. In der einen Hand trägt er dafür einen Schild, auf dem ein Kreuzzeichen abgebildet ist. Es trägt die Inschrift *Fides. Glaube.* Mit der anderen Hand schwingt der Krieger ein Schwert, entlang dessen Klinge die Worte *Verbum DEI* mit der entsprechenden Übersetzung *Wort Gottes* zu lesen ist. Oberhalb des Kämpfers ist der Ausspruch *Praeliando. Mit Kämpfen* zu lesen. Der *miles christianus* richtet seinen Angriff gegen den Teufel, der hier in Anlehnung an die Darstellung aus dem ersten Brief des Petrus als laut brüllender Löwe dargestellt ist. Ihm ist das Wort

---

55 Grundsätzlich zum Aspekt der Zeitlichkeit von Wachsamkeit vgl. den einführenden Beitrag von Arndt Brendecke und Susanne Reichlin im ersten Band der Reihe „Vigilanzkulturen" des gleichnamigen SFB (Brendecke/Reichlin, Zeiten); zur Problematik der dauerhaften Aufrechterhaltung menschlicher Wachsamkeit im physiologisch/psychologischen Sinne vgl. Brendecke, Wachsame Arrangements, sowie im moraltheologischen Sinne vgl. Reichlin, Wachen.
56 Zur Funktion peripherer Text- oder Bildteile als Imitation peritextueller Rahmungen vgl. Vögel, Beobachtungen, S. 96 f.
57 Die Zitate oben links stammen aus dem Epheserbrief 6,11 ff., oben rechts aus Mt 26,41 und Mk 13,37, unten links aus dem ersten Brief des Petrus 5,8 f. und unten rechts aus Lk 22,31 sowie erneut aus dem Epheserbrief 6,18; alle Bibelzitate folgen soweit nicht anders angegeben der Lutherbibel.
58 Zur Personifikation als Methode des allegorischen Ausdrucks und ihrer vielfältigen Form vgl. Warncke, Sprechende Bilder, S. 196.

Macht unter der erhobenen Tatze zugeschrieben. Auf der rechten Bildseite wiederum steht ein Eremit, der seine Hände zum Gebet faltet und seinen Blick gen Himmel richtet. Links oberhalb seines Kopfes ist ein geflügeltes Herz abgebildet,[59] von dem aus Strahlen in Richtung des Betenden auszugehen scheinen. Über seinem Kopf stehen die Worte *ORANDO. Mit Beten.* Zu seinen Füßen liegen Strick und Sieb, die mit *List* beschriftet sind. Im Vergleich zum Ritter scheint der Eremit still zu stehen. Er verkörpert die Möglichkeit, die vom Teufel ausgehenden Gefahren passiv durch Ignoranz und Gottvertrauen abzuwehren.[60] Einerseits unterteilt sich das Bild für Rezipierende durch diese antithetische Darstellungsweise deutlich in Laster, die dem Teufel zugeordnet werden, und Tugenden, mit denen Gläubige sich gegen ihn zur Wehr setzen können.[61] Durch den Turm jedoch wird eine graphische Trennung erzeugt, die auch die Tugenden selbst voneinander trennt. Um sich wirkungsvoll gegen die Angriffe des diabolischen Feindes zu schützen, bedarf es in der Logik des Blattes daher noch einer dritten, übergreifenden geistigen Einstellung.

Derjenige Abwehrmechanismus, der in personifizierter Form einer Wächterfigur über den beiden anderen steht, ist das Wachen. Durch seine zentrale Positionierung kommt dem Wächter nicht nur auf physischer, sondern auch auf metaphorischer Ebene eine zentrale Funktion als Mittler zu. Indem der Wächter auf dem Dach des Turmes steht, wird deutlich, dass durch die von ihm personifizierte Tugend der Wachsamkeit offenbar die Differenzen und potentiellen Einschränkungen der anderen beiden Tugenden überkommen werden können. Über die Figurenkonstellation innerhalb der *pictura* wird also deutlich, dass Wachsamkeit auch zur christlich höchsten Tugend wird. Diese herausragende moralische Stellung des Wachens wird noch einmal dadurch graphisch hervorgehoben, dass sich der Wächter auf höchster immanenter Position auch in unmittelbarer Nähe zu Gott befindet. Letzterer tritt sinnbildlich in Form der Sonne mit der Inschrift des Jahwe-Tetragramms in Erscheinung, die am oberen Bildrand aus den ansonsten dichten Wolken herausbricht. Dem Wächter wird hierdurch eine Rolle zwischen Immanenz

---

[59] Zum Herz als Sitz des physischen aber auch geistigen Lebens sowie zu seiner Symbolhaftigkeit als Zeichen der Gotteseinkehr und Innerlichkeit vgl. Holl, ‚Herz', Sp. 248 f.

[60] Dass dieser hier passiv verwendeten Lesart der Teufelsabwehr durchaus auch eine aktive Seite entgegengesetzt werden kann, im Sinne eines Aufrufs, den „christliche[n] Glaube[n] [...] im Angesicht der ständigen Versuchung und Sündhaftigkeit immer wieder neu zu wählen", zeigt Carolin Struwe-Rohr in ihren Ausführungen zur Lehrfigur des Netzes in *Des Teufels Netz/ Des tüfels segi* (Struwe-Rohr, Lehrer, hier S. 167).

[61] Zu einem solchen klar dualistisch gegliederten Feld von Werten und Unmoral auf illustrierten Flugblättern, das dem Feind einen Ort zuweist und dadurch wiederum Klarheit verschafft, um sich selbst im Weltgeschehen zu verorten vgl. Harms, Feindbilder, S. 159; zur dramatischen Gestaltung des alten allegorischen Motivs des Kampfes der Tugenden gegen die Laster in barocken allegorischen Darstellungen vgl. Kaute, ‚Allegorie', Sp. 99.

und Transzendenz zugeschrieben. Diese spezifische Funktion wird durch weitere Bilddetails hervorgehoben. So steht links neben dem Kopf des Wächters der Ausdruck *VIGILANDO* und aus seiner Heroldstrompete, in die er hineinbläst, dringen die Worte *Mit Wachen*. Die von ihm repräsentierte Verteidigungsstrategie gegen teuflische Anfechtungen liegt offensichtlich in einer erhöhten Wachsamkeit. Abweichend von der jeweiligen Beschriftung der beiden anderen Tugenden Kämpfen und Beten sind lateinischer Aufruf und deutsche Übersetzung hierbei nicht direkt untereinander geschrieben. Wachsamkeit erfordert offenbar eine Vermittlung. In diesem Fall geschieht sie durch ein Instrument, an dem eine Fahne befestigt ist, die eine Sonne mit der Inschrift *VOX DEI* zeigt. Dieses Wappenbild wiederum weist eine frappierende Ähnlichkeit mit der Sonne auf, die aus den Wolken bricht und die für die göttliche Transzendenz steht. Die Laute, die der Wächter hinausbläst, sind mithin die Stimme Gottes.[62] Sie dienen dem Wächter als Verteidigungsmittel gegen den Teufel. Gleichzeitig wird deutlich, dass der Wächter Gott nicht nur nahe steht, sondern selbst zum Medium Gottes wird.[63] Wachsamkeit kann nicht nur von oberster, göttlicher Position eingefordert werden, sondern muss in der Immanenz praktisch umgesetzt und verbreitet werden.

Auffällig ist, dass das Klang-Motiv in der vorliegenden Darstellung verdoppelt wird: Ist die Wächterfigur etwa in Tageliedern lediglich mit einer weckenden Stimme ausgestattet, wird ihr in dieser spezifischen Darstellung ein zusätzliches Instrument zugeordnet, um einen Weckruf zu erzeugen.[64] Dieser wiederum kann nun zweifach sensuell wahrgenommen werden. Zum einen wird er imaginativ-auditiv als lauter Signalton hörbar; zum anderen als lesbarer Schriftzug und in bildlicher Figuration visuell erkennbar.[65] Die Notwendigkeit der vermittelnden Tätigkeit des Wächters tritt darüber hinaus noch durch ein weiteres Bilddetail hervor. Bemerkenswert ist so, dass die Turmvorderseite trotz des von der Turmuhr angezeigten Höchststands der Sonne rechtsseitig beschattet ist. Der erhellende, klärende Strahl göttlicher Wahrheit und Gerechtigkeit gelangt durch die dichte Bewölkung des Himmels offenbar nur indirekt auf den irdischen Schauplatz. Im

---

62 Dieser Darstellung der kollektiven Verbreitung des göttlichen Wortes durch die Heroldstrompete steht die Vorgehensweise des Teufels diametral entgegen, der mit Hilfe seines Blasebalgs gerade versucht, dem einzelnen Menschen seine verführerischen Worte gezielt einzublasen.
63 Zur Wächterfigur als Teil triadischer Beobachtungskonstellationen im Sinne einer Figur des Dritten vgl. Kellner/Reichlin, Wachsame Selbst- und Fremdbeobachtung, S. 10, sowie Kiening, Zwischen Körper, S. 158.
64 Zu Wächterfigur und -stimme als Konstituenten des geistlichen Tagelieds vgl. Reichlin, Wer weckt mich, S. 105, sowie Schnyder, *Geistliches Tagelied*, S. 12.
65 Zum Verständnis des Zusammenspiels von Text und Bild im illustrierten Flugblatt gewissermaßen als Vorgeschichte audiovisueller Medien im heutigen Sinn vgl. Wenzel, *Der Heyden*, S. 77.

übertragenen Sinne könnte eine solche Schattierung darauf hinweisen, dass die immanente Welt von diabolischen Gefährdungen geprägt ist. In einem solchen Szenarium wiederum bedarf es einer Figur, welche die göttliche Wahrheit nicht nur vernimmt, sondern auch bewusst weiterverbreitet.[66] Hierzu wird der Wächter in die Verantwortung genommen.

Gleichzeitig deutet das Flugblatt durch die Schattierung an, dass der menschlichen Wahrnehmung – anders als der göttlichen – teuflische Gefahren auch entgehen können. Durch seine erhöhte Beobachterposition kann der Wächter zwar potentiell einen Rundumblick über das immanente Geschehen erlangen. Dabei ist er jedoch von den irdischen Ereignissen, die unter ihm stattfinden, so weit entfernt, dass er wichtige Details übersehen könnte. Dazu zählt vor allem der Teufel selbst. Dieser tritt im Bild etwa auf der bergartigen Erhöhung am Horizont der im Hintergrund dargestellten kargen Landschaft als die beflügelte rechte der beiden Figuren in Erscheinung.[67] Eine zweite Teufelsfigur nutzt den Schutz der Buschlandschaft und des Baumes am rechten Bildrand aus, um möglichst gut getarnt und dadurch unbemerkt sein teuflisches Netz zu spannen. Ein dritter, ebenso mit Hörnern und Flügeln ausgestatteter Teufel lässt sich am oberen linken Rand der Turmuhr entdecken. Von seiner Sitzposition aus scheint es mühelos möglich zu sein, die Zeiger der Uhr zu verstellen. Sein mehrfaches Auftreten verdeutlicht die Ungebundenheit des Teufels und die von ihm ausgehenden Bedrohungen, die gerade nicht greifbar sind. Seine konkrete Erscheinung folgt keinem erkennbaren Muster. Ganz im Gegenteil unterläuft er die Ordnung des Bildes wiederholt. Dabei verursacht er nicht nur „die geistige, moralische, soziale und materielle Unordnung in der Welt"[68], sondern arbeitet aktiv daran mit, dass eine solche aufrecht erhalten wird. Vor allem der Teufel an der Uhr gibt zu erkennen, dass er zu jeder Zeit, zu jeder Stunde und an jedem beliebigen Tag geduldig darauf wartet, gläubige Christ:innen zur Sünde zu verführen. Er bedroht die Menschen ein Leben lang. Der Teufel ist immer da und hält es als Gegner der Menschen länger auf der Welt aus als diese selbst. Davon, dass vom Teufel Gefahren und entsprechende Anfechtungen zu erwarten sind, sollte man also ausgehen. Bedrohlich werden diese aber vor allem dadurch, dass man nicht vorhersagen kann, wann und ob sie eintreten.

---

66 Gleichzeitig erzeugt das Bild den Eindruck, dass der wehende Umhang des Wächters die göttliche Sonne verdeckt. Dies könnte ein erster subtiler Hinweis auf die Eigenverantwortung eines jeden Individuums zur Selbstbeobachtung sein, deren Verinnerlichung eben nicht vollständig an Dritte abgegeben werden kann.
67 Vermutlich rekurriert diese Darstellung auf die Versuchung Jesu in der Wüste nach Mt. 4,8–13 bzw. Lk. 4,5–9.
68 Holtz, Das Luthertum, S. 194.

Auch im Textteil des Flugblatts wird die Notwendigkeit von Wachsamkeit deshalb noch einmal mahnend herausgestellt. Deutlicher als im Bild wird hierbei die Verantwortlichkeit des Individuums hervorgehoben. Man muss aufmerksam gegenüber dem Teufel, aber vor allem gegenüber sich selbst sein. In den 16 Knittelversen zwischen *pictura* und Text wird als Bedingung für ein gefahrenfreies Leben zunächst ein gottgefälliger Lebensstil eingeführt. Dauerhafte Wachsamkeit kommt dann als Technik hinzu, um teuflische Gefahren im Alltag erfolgreich abzuwehren:

> Wer nicht in Gefahr wil schweben,
> sol und muß Gottselig Leben:
> Er müß Wachen alle Stŭnden,
> Wil er nicht seÿn überwŭnden. [...]
> Allzeit mŭß er seÿn bereit,
> für des Feindes Listigkeit.
> Daß dŭ nŭn Bereit gefŭnden
> Werden mögest alle Stŭnden:
> So betrachte Wohl ŭnd eben,
> Was für Lehre solche geben!
> Also kanst dŭ Sicher Leben,
> und dem feinde wider streben [...].
> (V. 1–14)

Wachsamkeit wird zur zentralen Aufgabe für einen jeden pflichtbewussten gottgläubigen Menschen. In Alltagssituationen integriert gilt die ständige Aufmerksamkeit als Verhaltensweise, die der eigenen Glaubens- und Lebenspraxis zuträglich ist. Wachsamkeit muss habitualisiert werden, um den teuflischen Verführungen entgegenzutreten, die nämlich allgegenwärtig und wiederkehrend sind:

> Ein stethe Wach ist ŭnser Zeit,
> Voll Angst, Gefahr ŭnd Sorgen
> Hie liegen wir in fŭrcht ŭnd streit,
> Von Abend bis gen Morgen:
> Bey Tag ŭnd Nacht, all Aŭgenblick,
> Zŭ aller Zeit ŭnd Stŭnden,
> Niemand fŭrs Teufels List ŭnd Tück
> Wird frey und sicher fŭnden.
> (Str. 1, V. 1–8)

Durch das Possessivpronomen *unser* und das Personalpronomen *wir* beschreibt der Text die Situation zunächst aus Sicht des Kollektivs. Es entsteht hierdurch der Eindruck, dass das Individuum in der *militia*-Situation nicht alleine ist und von einer Gemeinschaft flankiert wird. Die *stethe Wach* vor dem Teufel als externalisierte Gefahr wird zu einem gesellschaftlichen Prinzip. Der Umstand, dass sich *niemand* vor den Verführungen des Teufels sicher fühlen kann, impliziert, dass seine intriganten Machenschaften potentiell alle betreffen können. Das wiederum macht einen Zustand notwendig, der die ständige Wachsamkeit des Einzelnen gegenüber anderen verlangt. *Frey* und *sicher* darf sich mit Hinblick auf die eigene Sündhaftigkeit keiner fühlen.

Die moralische Verantwortung, gegenüber dem Teufel wachsam zu sein, wird von hier aus zunehmend auf das einzelne Subjekt übertragen. In der zweiten Strophe vollzieht sich dieser Prozess schließlich vollständig:

> Wach, Wächter, wach! wach alle zeit!
> Weil deine feind nicht schlafen,
> es gilt hie ůmb die Ewigkeit,
> drům kämpf mit rechten Wafen!
> Ach Wach ůnd Ring mit ernstem Můth,
> zům Streit bistů erkoren,
> Wer hie den Kampf verlieren thůt
> Bleibt Ewig dort verloren.
> (Str. 2, V. 1–8)

Mögliche Gefahren beziehen sich jetzt vor allem auf das Leben gläubiger Christ:innen in der Immanenz. Gegen diese Bedrohung gilt es sich jedoch mit Blick auf das eigene Seelenheil im Jenseits zu schützen. Wachen wird zum ständigen Kampf, der weniger ein Zustand ist als vielmehr mit einer Tätigkeit verbunden wird. Das Wachen selbst wird zur Aufgabe der einzelnen Gläubigen. Die imperativischen Ausrufe unterstreichen diese dynamische Stoßrichtung und erzeugen ein auditives Moment. In der Imagination Einzelner können sie als hörbare Reize wahrgenommen werden. Die akustische Ebene des Bildes wird damit auch textuell aufgenommen und in Form der hyperbolischen Weckrhetorik verbal fortgeführt. Insgesamt wird der Wortstamm über 30 Mal im Text verwendet. Die Wachsamkeitsappelle erhalten hierbei durch die Wiederholung eine gewisse Rhythmisierung. Ziel scheint es zu sein, Rezipierende durch diese spezifische Ausformung von Sprache zunächst in einen alerten Grundzustand zu versetzen, um die hierdurch erzeugte Aufmerksamkeit dann dauerhaft aufrechtzuerhalten. Der Weckruf gilt sowohl dem physischen Erwecken aus einem Moment der Unaufmerksamkeit als auch dem innerlich-geistigen Aufwachen. Der physiologische Prozess von Wachen und Schlafen wird somit auf christliche Phänomene übertragen. Wachsamkeit ist demnach nicht nur nötig, um sich gegen die Angriffe irdischer Feinde zu schützen, denen man im Schlaf hilflos ausgesetzt ist. Es geht vor allem darum, sich gegen die eigene Sünde zu schützen. Der Schlaf ist ein negativ konnotierter, da von Gott abgewandter Zustand.⁶⁹ Ziel des Aufweckens ist es also auch, Gläubige für die eigene Heilsfindung zu sensibilisieren. Es geht um ein Aufschrecken aus einem Zustand der Bewusstlosigkeit. Die eindringliche Weckrhetorik zielt auf den Prozess von einer Ohnmacht hin zu einem christlichen Bewusstsein beziehungsweise Bewusstwerden und die (Wieder-)Besinnung auf Gott.⁷⁰

Über die direkte Ansprache markiert der Text, dass der Wachsamkeitsappell sich an die einzelnen Rezipierenden richtet. Er:sie ist der adressierte *Wächter*. Es geht um eine Wachsamkeit gegenüber sich selbst, die zur unerlässlichen Pflicht eines und einer jeden gläubigen Christ:in wird. Um jedoch Klarheit über die eigene Verantwortung zu erlangen, bedarf es ganz offenbar einer zweiten, übergeordneten Wächterstimme, die über diese individuelle Aufmerksamkeit wacht. „Die Weckstimme hilft [...] dabei, sich der eigenen Innerlichkeit und ihrer Heilschancen bewusst zu werden."⁷¹ Von wem diese Sprecherposition besetzt wird, bleibt unklar. In dem Bewusstsein, dass es offenbar jemanden oder etwas gibt, der oder das beobachtet, aber nicht zu sehen ist, changiert das Gesagte zwischen Drohung und Fürsorge.⁷² Entsprechend wechseln die gerade noch durch die Kriegssemantik negativ besetzten Weckappelle der ersten beiden Strophen hin zu positiv besetzten Weckappellen in den letzten beiden Strophen:

> Drŭmb Wächter, wach! Wach alle Zeit!
> Selig wirst dŭ gefŭnden,
> wo dŭ in dieser sterblichkeit
> wachst biß zŭr letzten Stŭnden!
> Da dir das rechte Wächter-Lohn
> Christŭs der Herr wird geben. [...]
> Aŭf! Aŭf, O seel! Aŭf, aŭf mit Mŭth!
> Wach aŭf aŭs allen Sünden!
> (Str. 17, V. 1–Str. 18, V. 2)

---

69 Zur doppelten Konnotation der Nacht als Tageszeit, in der es am schwierigsten ist, Wachsamkeit aufrechtzuerhalten einerseits sowie als Zeichen der Heilsungewissheit andererseits vgl. Reichlin, Wachen, S. 52 f.; zum Motiv des Schlafes im eschatologischen Sinne eines Sündenschlafes vgl. Dinkler-von Schubert, ‚Schlaf', Sp. 72 u. 74.
70 Zu einer ähnlich wirksamen Rhetorik vgl. die Ausführungen von Claudia Lauer zu Peters von Reichenbach „Hort", die hier sogar von einem „massive[n] Wachrütteln" spricht (Lauer, *uß slafes*, S. 299); zur Rolle des Wächters im Bekehrungsprozess des Sünders vgl. die Ausführungen zum Hohenfurter Liederbuch von Agnes Rugel (Rugel, *Von jm*).
71 Rugel, *Von jm*, S. 325.
72 Zur herausragenden Stellung solcher „imaginärer Beobachter" für die „Verinnerlichung von Selbstbeobachtungspflichten", durch die Fremdbeobachtung antizipiert wird, vgl. Kellner/Reichlin, Wachsame Selbst- und Fremdbeobachtung, S. 10.

Es geht jetzt im eschatologischen Sinne um alles, nämlich darum, ein für alle Mal aus der Sünde aufzuwachen. Gelingt das im Hier und Jetzt, wartet die ewige Erlösung. Anstatt auf Furcht zu zielen, wird versucht, eine Hoffnung zu erzeugen, den gerechten Lohn für das eigene wachsames Handeln zu erhalten. Das Abwechseln von negativ und positiv besetzten Weckappellen scheint darauf gerichtet zu sein, deren Effektivität zu steigern.

Die grundsätzliche Notwendigkeit eines Appells beinhaltet jedoch auch eine zeitliche Problematik. Indem das Individuum nachdrücklich zu einer gesteigerten Aufmerksamkeit aufgerufen werden muss, wird impliziert, dass menschliche Wachsamkeit gerade nicht auf Dauer gestellt werden kann. Hierauf weist vor allem das Motiv der geistlichen Uhr hin, dem sowohl bildlich als auch textuell eine zentrale Rolle, sowohl im weltlichen als auch im eschatologischen Sinne, auf dem Flugblatt zukommt. Textuell bildet die Uhr zunächst „den didaktischen Rahmen, mit dessen Hilfe dem Flugblattrezipienten der Tagesablauf eines wachsamen Christen veranschaulicht wird."[73] Die Konzeption des Textes ist dabei angelehnt an die Bedeutung einfacher Sonnenuhren in frühmittelalterlichen Klöstern, die zur Bestimmung der Tageszeit und -einteilung, insbesondere der nächtlichen Weckzeiten dienten.[74] In den Strophen 4–15 wird der Tagesablauf gemäß eines christlichen Lebens beschrieben. In ihrer Grundfunktion bildet die Uhr also etwas Wiederkehrendes, einen routinierten, zyklischen Tagesablauf ab. Im Text jedoch wird sie mit dem Hinweis auf die letzte Stunde des Menschen eingeführt:

> Was schlägt die Glock frag Wächter frag!
> Darnach dein sachen richte,
> Das nicht die Letzte Stůnd mit klag
> Dein Freůde mach zů nichte!
> (Str. 4, V. 1–4)

Zu beobachten ist eine motivische Verschiebung vom Tages- auf den Lebenszyklus eines:r Gläubigen. Über den Aufruf der letzten Stunde des menschlichen Lebens auf Erden wird die irdische Zeitungewissheit in den Vordergrund gerückt. Dass der Tod für den Menschen eines Tages kommen wird, ist unumstritten, wann er aber eintritt, ist unklar.[75] Die unsichere Ankunft des wiederum mit Sicherheit zu erwartenden Todes wird zur einmaligen Heilschance, die in der Gegenwart der Rezipierenden ergriffen werden muss. Die einzige Möglichkeit, sich dieser Ungewissheit

---

[73] Bangerter, Kommentar in *DIF III*, S. 204.
[74] Zu dieser und weiteren Bedeutungen der Uhr im Mittelalter vgl. Dohrn-van Rossum, ‚Uhr', Sp. 1183 f.
[75] Zur individuellen Ungewissheit des Zeitpunkts des Erwarteten und der daraus resultierenden Dringlichkeit zur wachsamen Bereitschaft vgl. Reichlin, Wachen, hier v. a. S. 53.

entgegenzustellen, ohne das eigene Leben am Ende zu bereuen, besteht hiernach in einem Leben, das auf Gott gerichtet wird. Es wird somit ein Gefühl von Zeit- und Entscheidungsdruck vermittelt, dem man sich ein Leben lang stellen muss. Am Ende des Lebens jedoch erhöht sich dieser Druck um ein Vielfaches. Denn obwohl der Zeitpunkt des Todes weiterhin ungewiss ist, rückt dieser immer näher. Es wird klar, dass nicht mehr viel Zeit bleibt, um sich noch vor dem Eintreten des Lebensendes für ein gottgefälliges Leben zu entscheiden und dadurch das eigene Seelenheil zu sichern. Der Text zielt hierdurch auf das Gefühl eines möglichen „zu spät-Kommens", auf die Angst, „zu spät" aufzuwachen oder zu reagieren. Indem explizit auf *dein Sachen* und *dein Freude* Bezug genommen wird, wird darauf hingewiesen, dass der Tod zwar für alle kommt, die Ungewissheit über den genauen Zeitpunkt jedoch für jeden Menschen individuell ist. Die Pflicht zur internalisierten Wachsamkeit gegenüber teuflischen Gefahren sowie zur Befolgung eines geregelten Lebensstils kann durch die individuelle Erwartung des Todes nicht auf das Kollektiv übertragen werden, sondern liegt beim Individuum selbst: „Der Einzelne wird [...] dadurch responsibilisiert, dass der Zeitpunkt des Eintreffens ein individueller ist und deshalb auch die individuelle Wachsamkeit belohnt beziehungsweise die individuelle Unaufmerksamkeit oder Nachlässigkeit bestraft wird."[76]

Besonderen Nachdruck erhält die Dringlichkeit dieser textuellen Aussage durch die bildliche Darstellung des Totenkopfes, der sich oberhalb der am Turmschaft angebrachten Sonnenuhr befindet. Ähnlich wie im Text ist die in der Mitte der Graphik dargestellte Uhr auch der zentrale Orientierungspunkt im Bild. Sie zeigt zwölf an, was im Umkehrschluss bedeutet, dass die Sonne im Zenit stehen müsste. Jedoch erscheint ebendiese in der Graphik etwas dezentriert und an den Rand gedrängt. Offensichtlich orientiert sich die Uhr nicht am Stand der Sonne. Als Referenzpunkt dient ihr vielmehr der Totenkopf, auf den der Polstab gerichtet ist. Über den Schädel wird Rezipierenden geradezu unmissverständlich verdeutlicht, dass das Ende des menschlichen Lebens unweigerlich mit jeder Stunde, mit jedem vergangenen Tag näher kommt. Das Ablaufen der Lebensuhr wird beobachtbar, wodurch die Assoziation mit einem Alarm erzeugt wird, der etwas Zwingendes mit sich bringt. Die Gläubigen sollen aufgerüttelt werden, indem ein Gefühl der Eile vermittelt wird, das keinen Zeitaufschub erlaubt. Denn dann wäre der Feind schon da und das eigene Seelenheil verloren.

Das Bild der fortlaufenden Uhr jedoch muss nicht immer negativ durch die Suggestion einer einmaligen Heilschance besetzt sein. Ebenso kann es ermutigend wirken, indem man sich eben jetzt für den Wandel und damit den richtigen, nämlich wachsamen Weg entscheiden kann. Es geht dabei einerseits um einen bestimmten Zeit-

---

[76] Reichlin, Wachen, S. 51.

punkt der Umkehr und damit einen Handlungsimpuls („Sei jetzt wachsam"). Andererseits um das Wiederkehrende, die auf Dauer gestellten Routinen eines solchen Lebenswandels und damit um einen Habitus („Sei immer wachsam").[77] Zum einen bedeutet Wachen nicht nur, (auf Gott) zu warten, sondern das zu ändern, was dem eigenen Heil entgegensteht. Zum anderen ist mit dem Aufruf zur Christen-Wache nicht ausschließlich ein einmaliger Moment gemeint. Vielmehr ist es ein Aufruf dazu, schlechte Gewohnheiten langfristig zu ändern und Wachsamkeit zu habitualisieren: „Die Suggestion der einmaligen Chance wird dazu genutzt, die Habitus- und Frömmigkeitspraktiken der Rezipierenden langfristig zu verändern".[78] Innere Wachsamkeit muss über eine kurze Zeitspanne hinaus ausgedehnt werden, um darüber hinaus Kontinuität zu erreichen. Gleichzeitig ist wiederum zu verhindern, dass sich ebensolche Habitualisierungen in Routinen nivellieren. Denn eine solche Entwicklung würde der Aufrechterhaltung von Aufmerksamkeit wiederum zuwiderlaufen. Eine Möglichkeit, um einer abgelenkten oder abflachenden Wachsamkeit entgegenzuwirken, besteht darin, Varianz zu erzeugen.[79] Auf dem Flugblatt wird hierfür der Teufel in seiner konkreten Erscheinung funktionalisiert. Eine dauerhafte, ständig zu aktualisierende alerte Grundhaltung ihm gegenüber wird wiederum durch ihn stimuliert und eingefordert.

Die Gesamtkomposition des Flugblattes weist zunächst darauf hin, dass das Erzeugen von Wachsamkeit gegenüber dem Teufel maßgeblich von Wort und Schrift mitbestimmt wird. Das Blatt ist von einer hohen Schriftdichte geprägt, die ein (gottgegebenes) Gegengewicht zu den Verführungen des Teufels darstellt.[80] Das gilt vor allem für die Erklärungen der allegorischen Bildarrangements, die als Strategien und Mittel der Verteidigung auf einzelne Begriffe gebracht werden. Auch die vielfältigen teuflischen Verführungen werden als verbalisierte Gefahren vorstellbar. Durch Übertragung und Deutung können sie offenbar bewältigt werden. Vor diesem Hintergrund ist es umso bemerkenswerter, dass die konkreten Teufelsfiguren, die als nahezu unauffällige Bilddetails in Erscheinung treten, gerade keine Beschriftungen aufweisen. Im Gegensatz zu den allegorischen Darstellungen stellt der Teufel dem-

---

77 Zur Verknüpfung von instantanen Wachsamkeitshandlungen und habituellen Wachsamkeitspraktiken vgl. ebd., S. 55f.
78 Ebd., S. 56.
79 Zur konstitutiven Bedeutung von Varianz in den Zeitstrukturen der Wachsamkeit vgl. Brendecke/Reichlin, Zeiten, S. 1f.
80 Wie Jörn Münkner bereits für das Blatt „Spiegel Menschliches Lebens" herausstellen konnte, flankieren auch hier die „zahlreiche[n] Bibelverse [...] die bildlichen Aussagen [...] und statten sie mit der Autorität des göttlichen Wortes aus" (Münkner, Formen, S. 83); zu einer solchen Funktionalisierung von Schrift vgl. auch Schilling, Bildgebende Verfahren, S. 72.

nach nicht uneigentlich etwas anderes dar, sondern nur das eigene Böse.[81] Als solches muss er nicht extra kenntlich gemacht werden. Gleichzeitig wirkt die Darstellung des Teufels durch die Nicht-Beschriftung, obwohl er als Figur sichtbar wird, diffus-variierend. Einerseits ist er eine definierbare Gefahr, auf welche die Aufmerksamkeit gerichtet werden muss, andererseits bleibt er vollkommen unberechenbar. Als konkrete, jedoch unbeschriftete Erscheinung muss er überall im Bild gesucht und durch aufmerksames Beobachten entdeckt werden. Indem er Erwartetes unterläuft, wird die Aufmerksamkeit Rezipierender intensiviert. Es wird deutlich, dass der Teufel im Bild nicht nur als brüllender Löwe umherzieht, als der er deutlich wahrgenommen und erkannt werden kann. Der Teufel, vor dem man vor allem Angst haben muss, ist gerade der, welcher sich einer Zuschreibung bewusst entzieht.

Als Möglichkeit, um einen derart unberechenbaren, schwer wahrnehmbaren Teufel dennoch handhabbar zu machen, verweist das Flugblatt auf sich selbst. Die Notwendigkeit einer gesteigerten Wachsamkeit wird hier nicht nur dargestellt, sondern durch die Rezeption des Blattes auch eingeübt – und zwar gerade dadurch, dass der Teufel auch als konkrete, dann jedoch unkontrollierbare Gefahr dargestellt wird. Diese autoreflexive Dimension ergibt sich auch aus der Gesamtkomposition des Blattes. Der Flugblatttext bildet den Untergrund, in dem der Turm sein Fundament hat. Über den Turmbau überträgt sich der Geltungsanspruch der Mittlerfigur an der Spitze des Turmes auf den Autor des Flugblatttextes. Sein Text wird zum Wächter, indem er die Rede darstellt, an der es sich zu orientieren gilt. Die Rezeption des Blattes selbst stellt somit eine aussichtsreiche Möglichkeit dar, um sich gegen den Teufel zu schützen. Rezipierende werden dann zu aufmerksamen Wächter:innen, wenn sie das auf dem Flugblatt gelesene oder gesprochene Wort als Appell an sich selbst verstehen, wachsam zu sein; als Wort Gottes also, das als solches von ihnen vernommen, verinnerlicht und weiterverbreitet wird.

Hieraus folgt der Befund, dass es im vorliegenden Flugblattexemplar offenbar darum geht, Wachsamkeit gegenüber den diabolischen Verführungen als zu vermittelnde Praktik darzustellen, die dadurch eingeübt werden soll, indem der Teufel spezifisch als heimliche, überall lauernde Gefahr inszeniert wird. Dies tritt auch im Vergleich zu anderen flugpublizistischen Bearbeitungen derselben Thematik hervor. So setzt sich auch das in Köln gedruckte Blatt *Geistliche außlegung des Christlichen Kriegsmans*[82] (Abb. 2) mit den teuflischen Verführungen auf Erden ausein-

---

81 Dazu, dass das Böse keine Schrift hat, sondern immer nur sichtbar in der bösen Tat ist vgl. Vögel, Beobachtungen, S. 88.
82 *Geistliche außlegung des Christlichen Kriegsmans*. Bussemacher: Köln 1609, Flugblattexemplar der Herzog August Bibliothek Wolfenbüttel: 31.8 Aug. 2°, fol. 57; vgl. *DIF III*, Nr. 104 (kommentiert von Wolfgang Harms); vgl. auch Schöller, *Kölner Druckgraphik*, Nr. 48, S. 120, Harms, Bildlichkeit, S. 14–18, sowie Vögel, Beobachtungen, S. 94–96; der Stich wurde auch ohne deutsche Auslegung

ander. Doch unterscheidet es sich insofern deutlich von der *Stunden-Wache*, als es den (geistlichen) Kampf in den Vordergrund der bildlichen und textuellen Darstellung stellt.

In ihrer Anordnung ähneln sich die graphischen Darstellungen der beiden Flugblätter zunächst: Auch im Kölner Blatt formieren sich mehrere Figuren um eine zentrale Orientierungsgröße. Allerdings handelt es sich in diesem Fall nicht um einen Turm beziehungsweise einen Wächter, sondern um einen bewaffneten geistlichen Ritter. Während er auf dem besiegten Körper der Fleischeslust (*CARO*) steht, wird er umringt von der Welt (*MVNDVS*), der Sünde (*PECCATVM*), von Teufel (*DIABOLVS*) und Tod (*MORS*). In Anlehnung an das sechste Kapitel des Epheserbriefs handelt es sich bei diesen Gefahren, die den *miles* umgeben, nicht um solche aus Fleisch und Blut – diese liegen bereits überwunden am Boden. Eigentlich geht es um die unsichtbaren, spirituellen Gefahren, für deren Überwindung es einer geistigen Rüstung bedarf.[83] Um den listigen Anschlägen des Teufels in der Welt zu begegnen, ist der *miles* etwa mit dem Schild des Glaubens und dem Schwert des Wortes Gottes gewappnet.

Rezipierenden wird vor Augen geführt, mit welchen inneren Verführungen und Hindernissen das gläubige Individuum auf seinem Weg zur Erlösung der Seele rechnen muss und wie diesen zu begegnen ist. Die Kampfsituation wird durch das Angriffs- und Verteidigungsnarrativ eindeutig in den Vordergrund gerückt. Zwar wird der unsichtbare teuflische Feind auch auf dem Kölner Blatt als konkrete Figur sichtbar gemacht. Doch handelt es sich hierbei um einen Teufel, der den Gläubigen mit seinen feurigen Pfeilen ganz offen angreift, was eine gleichermaßen direkte Reaktion verlangt.[84] Zu einer solchen ruft der Text seine Leser:in dann auch auf: „Greiff [...] nach des geistes Schwerdt" (V. 75). Wachsamkeit scheint bei einem derart unverhüllten Angriff lediglich eine untergeordnete Rolle zu spielen. Abgesehen von der göttlichen Beobachtung, die in Form der Taube des Heiligen Geistes über dem Krieger schwebt, wird die individuelle Aufmerksamkeit der Gläubigen buchstäblich an den Rand gedrängt. Das Motiv des Wachens erhält nur indirekt über das bereits bekannte Zitat aus dem ersten Brief des Petrus Einzug in die Graphik. An den oberen rechten Rand gerückt erscheint es als eine Möglichkeit unter vielen, um sich vor den teuflischen Angriffen zu schützen.

---

publiziert (vgl. Harms/Rattay, *Illustrierte* Flugblätter, S. 50 f.); in der vorliegenden, großformatigen Version ist er auch bei Andreas Wang verzeichnet (Wang, *Miles Christianus*, S. 122). Das Bild ähnelt in seinem Aufbau und den dargestellten Details einem kleinformatigen Kupferstich von Hieronymus Wierix (*SPIRITALE CHRISTIANI MILITIS CERTAMEN* in *DIF IV*, Nr. 2); vgl. dazu den Kommentar von Wolfgang Harms in *DIF III*, S. 200.
83 Siehe Eph 6,11 f.; vgl. hierzu auch Vögel, Beobachtungen, S. 95.
84 Siehe Eph 6,16.

Abbildung 2: *Geistliche außlegung des Christlichen Kriegsmans*, 1609, Flugblattexemplar der Herzog August Bibliothek Wolfenbüttel.

Ein weiterer Ansatz, der sich in der Darstellung eines inneren Kampfes gegen die teuflischen Mächte in der Welt noch einmal gravierend von den beiden anderen Exemplaren unterscheidet, wird im 1609 gedruckten Blatt *Der Geistliche Ritter/ Das ist: Eygentliche Abbildung/ wie der Mensch nach Adams Fall* [...][85] (Abb. 3) gewählt.

Abbildung 3: *Der Geistliche Ritter/ Das ist* [...], 1609, Flugblattexemplar der Staatsbibliothek zu Berlin – Preußischer Kulturbesitz.

---

85 *Der Geistliche Ritter/ Das ist* [...]. Erscheinungsort nicht ermittelbar, 1609, Flugblattexemplar der Staatsbibliothek zu Berlin: Einbl. YA 4416 m; vgl. *DIF III*, Nr. 105 (kommentiert von Eva-Maria Bangerter); vgl. auch die Abbildung bei Wang, *Miles Christianus*, S. 156, sowie Coupe, *Broadsheet* I, S. 19 und II, S. 73. Zu einer anderen Fassung des Flugblatts von Georg Schedius mit ähnlichem Text, jedoch anderem Kupferstich und ohne Bibelglossen vgl. Bangerter-Schmid, *Erbauliche Flugblätter*, Nr. 29, Abb. 22.

Das Motiv des kämpfenden Menschen wird in diesem Fall lediglich textuell aufgerufen. Gegen die diabolischen Verführungen sollen gläubige Christ:innen sich demzufolge „ohn Zitter/ Wehren/ als ein Christlicher Ritter" (Sp. 2, V. 1 f.). Das Bild hingegen zeigt einen Menschen, der dem Teufel gerade nicht im Kampf begegnet. Vielmehr ist es die (Rück-)Besinnung auf Gott, die ihm „die schlagkräftigste Waffe in seinem geistlichen Streit [liefert]"[86]. Dieser Lesart entsprechend ist in der Mitte der Graphik ein auf einer Weltkugel kniendes Individuum dargestellt, das seine ausgestreckten Arme in Richtung Himmel hält. Der Mensch orientiert sich an Christus, der ihm wiederum seine Hand entgegenstreckt. In dieser Aufwärtsbewegung wird dem Menschen die Haut von einem für den Tod stehenden Skelett abgezogen, das sich ihm von rechts in einem Boot nähert. Der Mensch wird gewissermaßen seiner irdischen Hülle entledigt.[87] Trotz aller zu erleidender Qualen ist es die Zuversicht in die göttliche Gnade, die ihn die weltlichen Widerstände überwinden lässt und ihn von allem Irdischen erlöst. Durch seine innere, geistige Kraft hat er den Versuchungen des Teufels erfolgreich widerstanden.

Interessant ist nun, dass die Graphik dabei das Motiv der Wachsamkeit aufruft, ohne es jedoch direkt – und damit anders als bei der *Stunden-Wache* – als die bestmögliche Schutzstrategie gegen den Teufel zu benennen. Vielmehr tritt das Gebot zur Wachsamkeit indirekt in Erscheinung; zum einen in der bereits bekannten Form des umherziehenden Löwen, der den Tod auf dem Boot begleitet. Erneut ruft die Darstellung hierdurch zu einer alerten Geisteshaltung auf: „Ein Christ sich nur fleissig bereit/ Daß er gerůstet sey zum Streit" (Sp. 2, V. 9 f.). Zum anderen gibt der Teufel im Bild selbst den entscheidenden Hinweis darauf, dass die Abwehr seiner Verführungen eine erhöhte Aufmerksamkeit verlangt. Seine lebensgroße Darstellung im Vordergrund der Graphik weist nicht nur bekannte ikonographische Zuschreibungsmerkmale wie Bocksbart, Hörner und Schwanz auf. Die Maskierung des Teufels weist dabei direkt auf seine Täuschungsabsichten hin: Er versucht, seine wahre Identität zu verdecken. Das trügerische Handeln des Teufels steht der vollkommen unverhüllten, nackten Darstellung des Menschen diametral entgegen.

In Verbindung mit dem Netz, welches der Teufel gemeinsam mit der unbekleideten Frau Welt in den Händen hält, macht auch dieses Blatt mit Hilfe bildlicher Konkretisierungen auf die teuflischen Gefahren innerhalb der Welt aufmerksam. Das Masken-Motiv stellt dabei gewissermaßen ein doppeltes Sichtbar-Machen der diabolischen Täuschungsabsichten dar, denen sich der Mensch dauerhaft ausgesetzt sieht: „Denn wirdt der Mensch geängstet sehr/ [...] Vnd wirdt also in seim Gewissen/

---

86 Bangerter, Kommentar *DIF III*, S. 202.
87 Vgl. dazu den Kommentar von Bangerter in *DIF III*, S. 202.

Tåglich gemartert vnd gebissen:/ Der Teuffel ihm denn meisterlich/ Einbilden thut gantz listiglich/ [...] Allerhand Superstition" (V. 19–26). Indem das Blatt den Teufel und seine Listen durch seine Darstellung entlarvt, kann sein Handeln allerdings nur noch als wenig *meisterlich* gelten.

Die Notwendigkeit, dem Teufel gegenüber wachsam zu sein, geht auf diesem Flugblatt aus der Inszenierung seiner verhüllenden Praktiken selbst hervor. Denkbar wäre einerseits, dass ein weniger offensives Einfordern von Aufmerksamkeit, wie es hier der Fall ist, möglicherweise eine ebenso große Wirkung erzielen könnte wie der appellhafte Aufruf der *Stunden-Wache*. Andererseits ist das Entlarven der teuflischen Gefahr, die überall lauern könnte, in diesem letzten Beispiel deutlich weniger performativ gedacht. Denn der Teufel wird im Bildvordergrund für Rezipierende direkt als täuschender Gefährder sichtbar. In der *Stunden-Wache* hingegen müssen die Teufelsfigürchen, die sich im Detailreichtum des Bildes verbergen, erst durch die Betrachtenden selbst entdeckt werden. Eine solche rezeptionsästhetische Nutzbarmachung des listigen Verhaltens des Teufels, durch die seine Beobachtung aktiv im Rezeptionsprozess eingefordert wird, ist der Einübung von Wachsamkeit besonders dienlich.

2.2 Zum Zusammenhang zwischen Beobachtung und menschlicher Vernunft

Um die reflexive Beobachtung des sündigen Selbst im Hinblick auf das eigene Seelenheil geht es auch im nächsten, wahrscheinlich nach 1637 erschienen Flugblattexemplar mit dem Titel *MYSTERIUM RATIONIS HUMANÆ* [...][88] (Abb. 4). Vor dem Hintergrund der moraltheologischen Debatte zwischen *Fides* und *Ratio* als „zwei Grundformen des menschlichen Verhältnisses zur Wirklichkeit"[89] werden dafür Beobachtungskonstellationen zwischen Gott, Mensch und Teufel in prägnanter Weise gleich selbst zum Beobachtungsobjekt. Weit verbreitete religiöse Motivik wie die der Tugendleiter und des *homo viator* dienen dem Blatt als Ausgangspunkt, um auf verschiedenen Ebenen meist wechselseitige Beobachtungsrichtungen zu modellieren.

---

88 *MYSTERIUM RATIONIS HUMANAE* [...]. [Nürnberg], [nach 1637], Flugblattexemplar der Herzog August Bibliothek Wolfenbüttel: IT 75; vgl. *DIF III*, Nr. 98 (kommentiert von Waltraud Timmermann); in digitalisierter Form liegt das Flugblatt auch als Exemplar der Universitätsbibliothek Nürnberg (urn:nbn:de:bvb:29-einblattdr-0033-7 [letzter Zugriff: 14.03.2023]) sowie in der Einblattdrucksammlung Gustav Freytag der Universitätsbibliothek der Goethe Universität Frankfurt am Main (https://sammlungen.ub.uni-frankfurt.de/freytag/content/titleinfo/4361112 [letzter Zugriff: 14.03.2023]) vor; vgl. außerdem Coupe, *Broadsheet*, Nr. 265, Abb. 109.
89 Koslowski, Die Vernunft, S. 1.

2.2 Zum Zusammenhang zwischen Beobachtung und menschlicher Vernunft — 31

Abbildung 4: *MYSTERIUM RATIONIS HUMANAE* [...], nach 1637, Flugblattexemplar der Herzog August Bibliothek Wolfenbüttel.

Diese changieren ebenso von oben nach unten wie zwischen Nah- und Fernsicht sowie Immanenz und Transzendenz. Göttliche und teuflisch-weltliche Beobachtung werden dabei als ein- beziehungsweise bidirektionales Beobachtungsverhältnis gegeneinander ausgespielt. Nur ersteres kann gläubige Christ:innen in der bild- und textimmanenten Logik des Blattes in das ewige Leben führen. Auf einer weiteren Ebene werden die Rezipierenden schließlich selbst als Beobachtende des dargestellten Beobachtungsgefüges in dieses hineinprojiziert. Seine eigene, die reflektierte Selbstbeobachtung konstituierende Medialität verhandelt das Blatt dabei im direkten Gegensatz zur teuflisch erzeugten Fiktion. Die antithetische Konzeption des Blattes kennzeichnet ein solches Herausstellen von Oppositionen graphisch bereits deutlich. Eine Art motivische Gegenüberstellung von zwei Szenen erlaubt ihren direkten Vergleich, wodurch Divergenzen erkennbar werden. Bei der Darstellung der beiden Männerfiguren im Bild scheint es sich beide Male um einen Aufstieg zu handeln. Dies wird durch die analoge Aufwärtsbewegung gekennzeichnet. In ihren Voraussetzungen und Zielen jedoch stehen sich die Wege beider Figuren diametral gegenüber.

Die naturalistisch geprägte linke Szene zeigt eine bärtige Figur, die in ihrer Gestaltung an einen weltlichen Weisen erinnert. Er wird zum personifizierten Sinnbild menschlichen Vernunftgebrauchs und der *curiositas*.[90] In seiner linken Hand hält der aufsteigende Mann ein mit den Worten *Ratio Humana* beschriftetes Fernglas, durch das er den Blick nach oben richtet. Das Fernglas kann hier als Signum von wissenschaftlicher Erkenntnis gelten.[91] Der Mann klettert die an ein einzelnes Schilfrohr angelehnte Leiter hinauf, die am Boden von einer Teufelsfigur gestützt wird.[92] Obwohl der untere Teufel sich offenbar mit seiner gesamten Körperkraft gegen sie stemmt, ist die Leiter-Konstruktion äußerst fragil. Bis zu der Höhe nämlich, auf der sich der Weise in der Darstellung befindet, kann er die Leiter so forsch und selbstsicher erklimmen, wie seine Bewegung es nahelegt. Sollte er jedoch einen weiteren Schritt nach oben tun, verlagert sich der Schwerpunkt seines Gewichts. Unausweichlich käme es dann zum Sturz in den Sumpf und die aufsteigende Figur damit in eine Lage, aus der sie sich gegebenenfalls nicht mehr allein befreien könnte. Dem Gelehrten gegenüber sitzt auf erhöhter Position eine zweite Teufelsfigur in einer abgestorbenen Baumkrone.

---

[90] Zur Entwicklung vom Offenbarungsglauben hin zur weltlichen Vernunft vgl. Dülmen, *Die Entdeckung*, hier v. a. S. 69 und S. 127; zum *curiositas*-Begriff vgl. Müller, Curiositas, S. 252.
[91] Zur Geschichte des Fernglases und seiner zeitgenössischen Bedeutung als bahnbrechende technische Erfindung vgl. Gaulke, ‚Teleskop', Sp. 352; zu seiner bildlichen Verwendung als Signum neuzeitlicher Wissenschaftlichkeit, Gelehrsamkeit und des Erkenntniszuwachses vgl. Münkner, Bild, S. 223, sowie den Kommentar von Waltraud Timmermann in *DIF III*, S. 190.
[92] Zu den unterschiedlichen Bedeutungstraditionen des Schilfrohrs, insbesondere als Symbol der Schwäche vgl. Theisohn, ‚Schilf', S. 544 f.

2.2 Zum Zusammenhang zwischen Beobachtung und menschlicher Vernunft

Ebenfalls mit einem Fernglas ausgestattet, sieht dieser Teufel wiederum auf den Emporsteigenden hinunter.[93]

Im Gegensatz dazu ist auf der rechen Bildhälfte ein einfach gekleideter, mit einem Pilgerstab ausgerüsteter Mann zu erkennen, der in demütig gebückter Haltung einen schmalen Weg auf Knien hinaufkriecht. In seiner linken Hand hält er das Ende eines mit dem Wort *VERBUM* beschrifteten Fadens. Der Pilger richtet seinen Blick hoch auf den Gottessohn. Dieser wird in einem durch Wolken abgegrenzten, offenbar transzendenten Bereich dargestellt, von dem aus er wiederum auf den Pilger hinunterblickt. In einer schützenden Geste hält er die Hand über den Pilger und die ihm noch bevorstehende Route. Begleitet wird der Mann von einem Lamm und einer Taube, welche die Tugenden *Patientia* beziehungsweise *Simplicitas* verkörpern. Zusätzlich erhält der Pilger auf seinem Weg Unterstützung von zwei Engelsfiguren. Ein Engel greift ihm fürsorglich von hinten unter die Arme, ein zweiter Himmelsbote fegt mit Eifer die Dornen weg, die vor dem Gläubigen auf dem steilen Pfad liegen. Dieser rechte Pfad ist steil und wirkt, gemessen an der Körperbreite des Mannes, auch recht schmal.[94] An den Rändern geht es außerdem steil in den Abgrund. Die gebückte Körperhaltung des Mannes deutet darauf hin, dass der Aufstieg beschwerlich ist. Dennoch handelt es sich um einen massiven, auf Stein gebauten und damit stabilen Weg. Der Weg zu Gott, dem eigenen Seelenheil, ist für den gläubigen Christen sicher.

Die Unterscheidung zwischen ‚gutem' und ‚schlechtem' Weg erfährt auch durch eine graphische Zäsur Nachdruck: Beide Bildhälften stehen einander in ihren Farbwerten diametral gegenüber. Der linke dunklere Bildteil fungiert als negative Ausformung des hellen rechten.[95] So steht die Dunkelheit für das Verderben und die Sündhaftigkeit des menschlichen Vernunftgebrauchs. Der Aufstieg des Gläubigen hingegen ist im Licht der göttlichen Erkenntnis und Gnade hell erleuchtet. Wie oben bereits angedeutet, ruft die Darstellung die traditionelle Bildlichkeit des *homo viator* auf, die eines Menschen also, der sich in einer Situation der Wegwahl für Gott entscheiden muss.[96]

---

93 Dem Geschehen ist außerdem eine Eule zugeordnet, die am linken Rand der Graphik auf einem toten Baumstumpf sitzt. Zur Bedeutung der Eule sowohl als Signum der Weltweisheit und der Vernunft als auch als Unglücksvögel der Dämonie vgl. Dormann, ‚Eule', S. 155 f., sowie Hünemörder, ‚Eule', Sp. 1696 ff.
94 Die Darstellung rekurriert auf die Metapher des schmalen Weges, der zum ewigen Leben führt nach Mt 7,14 f.
95 Zur Hell-Dunkel-Metaphorik in frühneuzeitlichen Einblattdrucken, insbesondere im vorliegenden Fall vgl. Münkner, Himmlische Lichtspiele, S. 159 f.
96 Zur hierdurch aufgerufenen Bildlichkeit des Weges vgl. Harms, Studien, S. 11, sowie zur *bivium*-Situation als Wahl zwischen dem rechten und linken Weg vgl. ebd., S. 264 f.

Gleichzeitig jedoch wird klar, dass dieses Motiv mehrfach entscheidend modifiziert wird. Das geht vor allem aus dem Vergleich mit dem 1620 erschienenen Kölner Blatt SCALA COELI ET INFERNI [...]⁹⁷ (Abb. 5) hervor.

Dieses greift ebenfalls die Situation der Wegewahl auf, der sich ein Mensch im Hinblick auf die Ausrichtung seines Lebens ausgesetzt sieht. Mit Hilfe der ihm verliehenen Willensfreiheit gilt es zu entscheiden, ob er sich für den breiten, vermeintlich bequemeren, sündhaften Abstieg in den weit aufgerissenen Höllenschlund oder aber den tugendhaften Aufstieg über die schmale Leiter hin zu Gott und damit für das ewige Leben entscheidet. Die Graphik nutzt die Bildlichkeit von Berg und Tal, um möglichst plakativ vor Augen zu stellen, bei welchem der beiden Wege es sich um den moralisch richtigen handelt. Das Blatt zur menschlichen *ratio* hingegen versucht zunächst eine potentielle Vergleichbarkeit der beiden Wege herzustellen. Deutlich wird dann, dass es hier zwar letztlich auch um die Frage geht, ob der Mensch den Weg zu Gott findet oder nicht. Allerdings ist der Zeitpunkt, sich für den einen oder anderen Weg zu entscheiden, deutlich verschoben. Auf dem Kölner Exemplar steht der personifizierte freie menschliche Wille bereits auf einer Anhöhe, um sich hier mit der Scheideweg-Situation konfrontiert zu sehen. Plausibel wird also, dass sich der Jüngling zumindest bis hierhin nicht für eine bestimmte Richtung entscheiden musste. Auf dem erstgenannten Flugblattexemplar hingegen werden offenbar zwei vollkommen unterschiedliche Routen dargestellt, die zu keinem Zeitpunkt einen gemeinsamen Ursprung hatten. Der Weg der Vernunft und der des Glaubens sind in der Logik des Blattes nicht miteinander vereinbar. Die Entscheidung für die eine oder andere Richtung erhält hierdurch einen noch grundsätzlicheren Charakter. Entscheidet sich der Mensch einmal für die linke Seite, hat und hatte er nie eine Möglichkeit auf das ewige Seelenheil. Denn dann kommt der Mensch nicht über die Immanenz hinaus, sondern sitzt dort fest. Obwohl die vom Geistlichen erklommene Leiter ähnlich schmal wie die auf dem Kölner Blatt anmutet, führt erstere gerade nicht ins Himmelreich. Der Gebrauch der menschlichen Vernunft ist keine Tugend, sondern Sünde.

Ein weiterer prägnanter Unterschied zwischen den beiden Blättern besteht darin, dass die beiden Wege auf dem Flugblattexemplar MYSTERIUM RATIONIS HUMANÆ [...] (Abb. 4) spezifisch als konträre Beobachtungskonstellationen konzipiert sind. Auf dem Kölner Blatt blicken alle Figuren in verschiedene Richtungen, keine schaut die andere direkt an. Im Ausgangsbeispiel hingegen wird auf der rechten Seite das heilsbringende Beobachtungsverhältnis zwischen Mensch und

---

97 SCALA COELI ET INFERNI [...]. Erscheinungsort nicht ermittelbar, 1620, Flugblattexemplar der Staatsbibliothek zu Berlin: Einbl. YA 5368 kl. Eine nahezu identische Fassung des Blattes wurde um 1610 von Johann Bussemacher in Köln gedruckt; vgl. dazu den Kommentar von Wolfgang Harms in *DIF III*, S. 198.

Abbildung 5: *SCALA COELI ET INFERNI* [...], 1620, Flugblattexemplar der Staatsbibliothek zu Berlin – Preußischer Kulturbesitz.

Gott sowie auf der linken Bildhälfte die aussichtlose Beobachtungskonstellation zwischen Mensch und Teufel dargestellt. Der Begriff „aussichtslos" ist dabei ganz wörtlich zu verstehen: Der Gelehrte orientiert sich dorthin, wohin ihn sein Blick durch das Fernrohr weist; doch stellt sich der Gebrauch des technischen Hilfsmittels für ihn als problematisch heraus. Sollte der Gelehrte sich hierdurch nämlich eine Sicht in die Ferne versprechen, die ihm – womöglich göttliche – Erkenntnis bringt, wird diese Hoffnung enttäuscht. Vielmehr ist es der Teufel, der ihm in den Blick gerät. Die Sinnlosigkeit und letztlich auch das Scheitern des Vorhabens spiegelt sich nicht nur in der Leblosigkeit des Baumes wider. Beide Figuren stehen sich darüber hinaus physisch derartig nah, dass der Gebrauch des Fernrohrs vollkommen überflüssig erscheint. Mehr noch: Würde man das optische Instrument weglassen, wäre der Dämon in seiner eigentlichen Gestalt zu erkennen. Anstatt den Blick des Menschen zu erweitern, verursacht das Fernrohr gerade eine Verengung, ja Verzerrung des Blicks, die ihn den diabolischen Feind nicht erkennen lässt. Erfolg bringt der Gebrauch des Fernglases in diesem Fall nur dem Teufel selbst, der „grinsend und mit spöttischer Miene"[98] auf den Gelehrten zurückschaut. Die Verbindung zwischen Gelehrtem und Teufel auf der linken Bildhälfte deutet sich lediglich als Blicklinie zwischen den beiden Fernrohren an. Ihre Beschaffenheit ist instabil und nicht-materiell.

Dem entgegen steht die Inszenierung der Beobachtungskonstellation zwischen Mensch und Gott auf der rechten Bildseite. Sie wird als feste und direkte, durchgehende Verbindung zwischen Gläubigem und Gottessohn dargestellt. *Fides* blickt geradlinig in Richtung Himmel während das Wort Gottes in materialisierter Form für den Menschen physisch greifbar wird. Das heilige *VERBUM* ist der sichere Halt für den Gläubigen während er den kurvenreichen und steilen Weg erklimmt. Hör- und Sehsinn werden hier gewissermaßen gegeneinander ausgespielt.[99] Birgt das eine die Gefahr der brüchigen Illusion, schafft das andere greifbare Klar- und Sicherheit. Der Absturz des Pilgers in die Untiefen jenseits des Weges wird hierdurch verhindert. Christus wird zum orientierenden Fixpunkt des Gläubigen. Als konstanter Bezugspunkt sichert er die physische sowie geistige Reise des Beobachters auf Erden, die ihn schließlich zum eigenen Seelenheil führt. Zwar sind Gott und Teufel auf derselben horizontalen Linie angeordnet, doch erscheint der Gottessohn in seiner Darstellung deutlich kleiner als der sich von ihm abwendende Teufel. Perspektivisch wird ersterer dadurch als weiter entfernt und damit überlegen wahrgenommen. Die Opposition zwischen göttlichem Schutz und teuflischer Be-

---

98 Münkner, Himmlische Lichtspiele, S. 160.
99 Zur reformatorischen Bevorzugung des Ohrs vor dem Auge und damit des Wortes vor dem Bild als Vermittlungsweg der Verkündigung vgl. u. a. Harms/Schilling, *Das illustrierte Flugblatt*, S. 34.

lauerung wird hierdurch explizit herausgestellt. Gott steht als oberster Beobachter über allem Weltlichen, das von ihm mit Unterstützung der hier agierenden Engel überblickt wird. Der Teufel hingegen

> [...] beobachtet die Menschen nicht vom ganz anderen Ort der Transzendenz aus, sondern innerhalb der zeitlichen und räumlichen Dimensionen der immanenten Welt. Er kennt Gottes Heilsplan, hat aber nicht Teil an der providenziellen Wahrheit; sein Wissen [...] bleibt gebunden an materielle Kausalitäten, raumzeitliche Gegebenheiten und körperliche Bedingungen, an die Wahrscheinlichkeiten sozialer Beziehungen und Handlungsmuster.[100]

Der diabolische Widersacher wartet auf die nächste Gelegenheit, um den Menschen zur Sünde zu verführen. Betritt der Mensch den Weg der menschlichen Vernunft, bewegt er sich unausweichlich auf den Teufel zu. Jetzt ist es geradezu unvermeidbar, dass der Teufel den Menschen erspäht. Die Beobachtungsverhältnisse zwischen Gott, Mensch und Teufel werden insofern in der Graphik des Blattes markant modelliert. Diese Schwerpunktsetzung lässt sich auch im Vergleich zu einem anderen Flugblatt, dem Augsburger Exemplar *Die Geistliche Leytter* [...][101] (Abb. 6 und 7), erkennen.

Die *pictura* dieses Blattes zeigt einen mit Schild und Schwert bewaffneten Mann, der schwankend auf der obersten Sprosse einer bis zum Himmel reichenden Leiter steht. Während Gott und mehrere Engel offenbar bereit sind, den Menschen im Himmel aufzunehmen, versuchen verschiedene teuflische Mächte ihn mit langen Ketten, die an seinem Körper befestigt sind, zu Fall zu bringen. Gott schaut hinunter auf den Menschen, während dieser sich von ihm abwendet. Es besteht kein Blickkontakt zwischen den beiden Figuren. Der Blick des Menschen richtet sich vielmehr auf die irdischen Gefahren unter ihm. Diese scheinen ihn von seinem eigentlichen Ziel, dem er bereits so nahe zu sein scheint, abzulenken. Erneut fällt auf, dass das Blatt zur menschlichen Vernunft zunächst versucht, eine Vergleichbarkeit zwischen den beiden Szenen zu erzeugen, um dann den Unterschied zwischen indirekter vermittelter und direkter Blickverbindung graphisch hervorzuheben.

Vergleicht man die bildliche Darstellung des Ausgangsbeispiels nun mit seinen textuellen Ausführungen, können vor allem im Hinblick auf die diabolische Beobachtungskonstellation Irritationsmomente entstehen. Im Bild wird der Teufel als personal handelnd dargestellt. Potentiell ist er damit für den Gelehrten als externe Relation sichtbar. Beide Textteile betonen hingegen seinen imaginativen Status.

---

100 Struwe-Rohr/Waltenberger, Einleitung, S. 7.
101 *Die Geistliche Leytter* [...]. Schultes: Augsburg [1620/30], Flugblattexemplar der Herzog August Bibliothek Wolfenbüttel: 38.25 Aug. 2°, fol. 1; vgl. *DIF III*, Nr. 100 (kommentiert von Michael Schilling).

Abbildung 6: *Die Geistliche Leytter* [...], 1620/30, Flugblattexemplar der Herzog August Bibliothek Wolfenbüttel, Teil I.

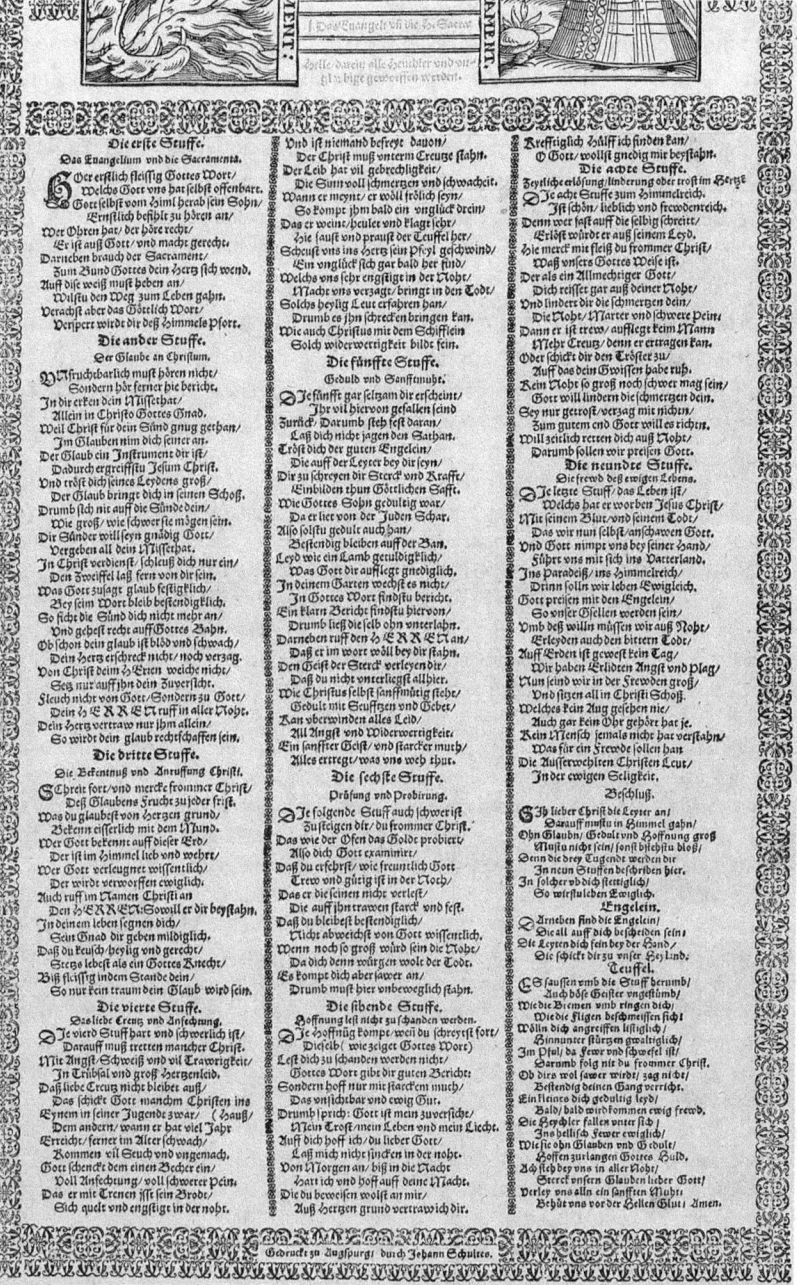

Abbildung 7: *Die Geistliche Leytter* […], 1620/30, Flugblattexemplar der Herzog August Bibliothek Wolfenbüttel, Teil II.

Weder in den lateinischen noch den deutschen Versen wird der göttliche Widersacher namentlich genannt.[102] Stattdessen wird auf seine Existenz als *atra monstra* (V. 5) und *ungehewre[s] Wunderthier* [...] (V. 23) verallgemeinernd und wenig konkret Bezug genommen.[103] Seine Wahrnehmbarkeit verschiebt sich von einem äußerlichen, materiell Wirklichen hin zu einem inneren Bild in der subjektiven Sphäre des menschlichen Verstandes.[104] Der Teufel ist nunmehr ein eingebildetes Traumbild, ein Nichts der Phantasie: „[...] Nisi Somnia ficta, picta, pacta/ In tuo cerebro [...]" (V. 4f.).[105] Sichtbar ist er als eine solche Phantasie nur noch für das eigene geistige Auge: „Ja in seim Hirne lassen sich/ Sehen die Tråum gantz wunderlich [...]" (V. 21f.). Er entspricht einer Gefahr im Inneren des Menschen. In Bezug auf die bildliche Umsetzung ist nun vor allem der Sprechwechsel bemerkenswert, der innerhalb des Textes an prägnanten Stellen vorgenommen wird. So etwa bei den Begriffen *Perspicill*[106] (V. 12) und *regulirn* (V. 15), die hierdurch eine besondere Betonung erfah-

---

102 Im Umfang deutlich kürzer gehalten zeichnet sich der lateinische Textteil vor allem durch seine forsche Rhetorik aus, die ihn predigthaft anmuten lässt. Die Zweisprachigkeit weist auf unterschiedliche Adressatenkreise hin und zeigt, dass die zeitgenössische Debatte um Glaube und Vernunft nicht nur Laien betraf, sondern vor allem in Gelehrtenkreisen diskutiert wurde; zum möglichen Adressatenkreis lateinischer Texte auf illustrierten Flugblättern vgl. Harms, Lateinische Texte; zur Rolle des Verfassers des konkreten Flugblatttextes, Johannes Saubert, als Vertreter der Reformorthodoxie innerhalb der dahinterstehenden theologischen Auseinandersetzung vgl. den Kommentar von Timmermann in *DIF III*, S. 190.
103 Der Teufel steht hier abstrakt für die Summe aller Absurditäten und Monstrositäten, die in zahlreichen Flugblättern als Wunderzeichen thematisiert und hierbei allgemein als Mahnzeichen Gottes und Hinweis auf seinen Zorn verstanden werden. Über die mediale Bearbeitung des Teufelsmotivs spitzt sich die Diskrepanz zwischen visueller Wahrnehmung und Zeichenhaftigkeit dieser göttlichen Wunder einerseits sowie deren Unergründlichkeit andererseits zu.
104 Auf medialer Ebene geht es dabei um „Bilder der Vorstellung im doppelten Sinn", nämlich um gedankliche Bilder, die unter Bezugnahme auf die eigene Medialität von Bildern „erzeugt bzw. in diesen reflektiert werden" (Bauer/Zirker, Shakespeare, S. 39). Herausgestellt wird hierdurch das Wechselspiel zwischen Einbildung einerseits und Sehkraft bzw. Anblick andererseits. Zu diesem explizit in christlichen Kontexten problematisierten Verhältnis von Vorstellungsbild und Wahrheit, das in unserem Flugblatt in Form der Gegenüberstellung vom Gebrauch menschlicher Vernunft (und damit gerade der Beobachtung als wissenschaftliche Methode) und Glaube problematisiert wird, konstatieren Bauer und Zirker: „Wo die Vorstellungskraft nicht gänzlich dem nur Sinnlichen zugeordnet und damit insgesamt negativ bewertet wird, geht es darum, sie von ihm zu reinigen, d. h. es kommt darauf an, dass letztlich rein Geistiges vorgestellt wird" (Bauer/Zirker, Shakespeare, S. 47).
105 Zum Schlaf als negativer Zustand der Heilsungewissheit vgl. Anm. 69; der Schlaf gilt als Voraussetzung für den Traum, dieser wiederum ist ein „seel[isches] Erlebnis, dessen sich Gott b[ei] auserwählten Personen bedient, um seinen Heilsplan durchzuführen" (Dinkler-von Schubert, ‚Schlaf', Sp. 352); ein aktives Schauen ist dabei keine Voraussetzung, Träumende nehmen vielmehr eine passive Rolle ein (vgl. ebd.).
106 Hier abgeleitet von lat. *perspicere*, „im Sinne von ‚durchschauen' und ‚genau betrachten'" (Tammen, ‚Wahrnehmung', S. 477).

ren. Korrespondierend zur oben beschriebenen graphischen Perspektivierung wird die Sinnlosigkeit des Gebrauchs eines technischen Hilfsmittels, um „die Seligkeit/ Und das Wort Gottes [...]" (V. 13 f.) greif- und messbar zu machen, unterstrichen. Denn der Nutzer des Fernglases durchschaut die Situation nicht.

Zu den hervorgehobenen Begriffen gehört auch das unter der Verweiszahl fünf gekennzeichnete Wort *speculirn* (V. 24).[107] Es wird angedeutet, dass die menschliche *Ratio* beim Blick durch das Fernrohr keine beliebigen Monster erfindet, sondern, dass das, was sie sieht, in der Tat Spiegelungen ihrer selbst sind. Während *Fides* ihre Aufmerksamkeit in Richtung Gott richtet, blickt die *Ratio Humana* auf das wandelbare Gegenbild ihrer selbst im Diesseits. Die Beobachtung zwischen Mensch und Teufel ist hier gerade nicht, wie es der Schutz vor teuflischen Angriffen erfordern würde, bidirektional im Sinne einer „einerseits [...] aufmerksame[n] Beobachtung der Menschen durch den Teufel, andererseits als deren stete Wachsamkeit ihm gegenüber".[108] Die Beobachtung stellt sich in diesem Fall als selbstspekulativ heraus. Der Gebrauch des Verstandes wird zur Täuschung, zur irrigen Annahme, etwas weit Entferntes wie das göttliche Heil erkennen zu können. Stattdessen sieht das Individuum nur das eigene Selbst. Es handelt sich um einen rein physikalischen Prozess des optischen Zurückwerfens und nicht etwa um den eines geistigen Reflektierens.

Seiner figürlichen Spezifik entsprechend, changiert die bildliche und textuelle Beschreibung des Teufels auf der Grenze zwischen Imagination und Realität. Der ontologische Status des konstitutiven Gestaltenwandlers bleibt im Unklaren.[109] Auffällig ist das vor allem deshalb, weil Text und Bild ansonsten in enger Beziehung zueinander stehen. Die graphisch erzeugte Opposition zwischen linkem und rechtem Bildteil wird im Textteil zunächst fortgeführt. Mit der graphischen Umsetzung korrespondierend, verfährt vor allem der deutsche Text bei seiner Auslegung der bildlichen Arrangements zweigeteilt. Der Beschreibung beider Bildhälften werden in gleichmäßiger Gewichtung jeweils vierzehn der insgesamt 28 Verse gewidmet. Trotz dieser textstrukturellen Symmetrie, wird, wie im Bild, inhaltlich eine positive Bewertung zugunsten des zweiten Textteils vorgenommen, der sich mit der rechten Szene erklärend auseinandersetzt. Mit Hilfe der Beschriftungen der einzelnen

---

107 Zum Spiegel als Zeichengeber, der imaginäre Hirngespinste sichtbar macht vgl. Münkner, Bild, S. 221 f.
108 Struwe-Rohr/Waltenberger, Einleitung, S. 7.
109 Versteht man, wie van Woudenberg, Vertrauen in die sinnliche Wahrnehmung als eine der Grundvoraussetzungen für die wissenschaftliche Erkenntnis (vgl. van Woudenberg, Grenzen, S. 159), wird ebendiese durch die spezifische Darstellungsweise des Teufels unterlaufen. Der Gebrauch menschlicher Vernunft wird erneut als das Erzeugen von Trugbildern diskreditiert, was den Status des Glaubens wiederum stärkt.

Bildelemente sowie deren Nummerierung wird „[der] Leser schulmeisterlich und sicher bei seiner Bilddeutung [geleitet]."[110] Doch ausgerechnet die vermeintlich stabilen Bedeutungszuweisungen lassen hierbei nun die Unterschiede in der Inszenierung der Teufelsfigur zwischen Bild und Text offenkundig werden. Die hierdurch erzeugte Ambiguität erweist sich dabei insofern als bewusste Strategie des Blattes, als einer potentiell evozierten Unsicherheit eine göttliche Stabilität bewusst entgegengesetzt werden kann. Und diese besteht gerade im göttlichen Wort und damit in der Rezeption des Flugblatttextes.

Wie in der graphischen Umsetzung des Blattes ist es auch im Text das heilige Wort Gottes, das für die einzelnen Gläubigen richtungsweisend ist: „[...] O Menschenkind/ woferrn/ Du hörst und lisst das Wort deß Herrn/ Ohn Widerred vnd allen schertzen [...]" (V. 25–27), „[s]o bist du auff der rechten Baan" (V. 33).[111] Beim Wechsel der Beschreibung von einem durchaus denkbaren, jedoch abzulehnenden Verhalten hin zu einem, das wünschenswert ist, changiert der Text zwischen direkter und indirekter Rede. Herrscht im ersten Textteil noch ein sachlicher Tonfall vor, der durch die unspezifische Ansprache über das Relativpronomen [w]er evoziert wird, richtet sich der Text in der zitierten Stelle direkt an die Rezipierenden des Blattes. Über die appellative Verwendung des Personalpronomens *Du* wird das Gesagte direkt an den:die einzelne Gläubige adressiert und macht es für ihn:sie verbindlich. Auf dem richtigen, nämlich dem Weg zum Seelenheil befindet sich der Mensch dann, wenn er das Gesagte befolgt. Dabei kann und sollte sich der:die folgsame Christ:in der göttlichen Aufsicht sicher sein: „Sihe/ die starcke GOttes Wach/ Bhütt dich vor allem Ungemach" (V. 37 f.). Der Text beschreibt die göttliche Beobachtungsinstanz nicht nur in ihrer Fürsorge, sondern entfaltet auch ihre bedrohliche Dimension. Das formulierte *Bhütt* könnte sich sowohl auf die im Teilsatz davor erwähnte *GOttes Wach* beziehen als auch imperativischer Ausruf sein, der sich direkt an das den Text rezipierende *Menschenkind* richtet. Dann wäre der Ausdruck explizite Warnung, sich vor sündhaftem Verhalten zu hüten, von dem Gott ohnehin weiß. Ähnliches gilt für den Ausspruch *Sihe*, der die Aufmerksamkeit bewusst auf die göttliche Aufsicht lenkt. Rezipierende werden dazu aufgefordert, diese im Sinne eines bewussten Wahrnehmens und einer ihr entgegenzubringenden Vorsicht anzuerkennen.

Darüber hinaus entfaltet das *Sihe* in seiner imperativischen Formulierung auch eine performative Wirkung. Das textuell Dargestellte erweist sich insofern als Handlungsanweisung, als Rezipierende direkt dazu aufgerufen werden, den Inhalt

---

110 Timmermann, Kommentar in *DIF III*, S. 190.
111 Der Text verweist hier auf den theologischen Grundsatz „*sola scriptura*"; vgl. auch Rohls, der darauf hinweist, dass „Schrift [...] in der altprotestantischen Orthodoxie mit dem Wort Gottes identifiziert [...] wird" (Rohls, Fides, S. 87).

des Textes anhand des Bildes, also schauend, nachzuvollziehen. Die ineinander gedachte Rezeption von Bild und Text vollzieht sich darüber hinaus auch im Bild des Weges. So verläuft die Teilung der oppositionellen Bildszenen nicht exakt entlang der vertikalen Zentralachse des Bildes. Bei genauer Betrachtung wird deutlich, dass sie stattdessen minimal nach links entrückt ist. Der rechten Bildhälfte wird dadurch ein leichtes Übergewicht verliehen. Zudem entspringt der Anfang des Weges dem unteren Bildrand nun exakt mittig. Hierdurch wiederum wird der Eindruck vermittelt, dass der Ursprung des Weges sich jenseits des Bildrandes zentral vor oder unter der Graphik befindet. Er entspricht somit ebenjener Position der Betrachtenden, die auf das Bild blicken. Gleichzeitig führt der Anfang des Weges direkt in den unter dem Bild liegenden Text hinein. Der Weg zwischen den beiden konstituierenden Teilen des Flugblatts kann hierdurch in zwei Richtungen gedacht werden. Die Darstellung verspricht, dass der Mensch über die Rezeption des Textes sicher auf den rechten und damit ‚richtigen' Weg gewiesen wird, an dessen Ende das eigene Seelenheil steht. Der Text ist der Ursprung dieses Weges.[112] Zwar werden, wie oben bereits beschrieben, Rezipierenden durch die sukzessive Vorgehensweise des Textes auch dessen Ambiguitäten vor Augen gestellt. Gleichzeitig wird ihnen hiermit jedoch ein Instrumentarium zur Seite gestellt, um allegorische Bildlichkeit zu entschlüsseln. Der Text legitimiert den eigenen Gebrauch solcher Darstellungen, indem deren Ausdeutung und damit ein Erkennen von Differenzen gleich mit bereitgestellt wird.[113] Der Gebrauch von Schrift ist legitim, wenn er nicht dazu dient, Illusionen zu erzeugen oder die Phantasie anzuregen, wie es der Teufel tut.[114] Schrift soll dafür gebraucht werden, um die göttliche Wahrheit nachzuvollziehen.

Dass die Rezeption des Blattes gerade hierzu geeignet ist, zeigt sich auch dann, wenn der dargestellte Weg als Verlängerung zwischen Gottessohn, Gläubigen und Text und damit von oben nach unten gedacht wird. Die Rezeption des Blattes erfolgt dann unter dem unablässig wachsamen göttlichen Blick auf den Menschen. Er stellt sowohl bewachenden Schutz als auch überwachende Kontrolle dar. Nur in der Reflexion dieses Zustandes, nur im prüfenden Beobachten und schließlich Erken-

---

112 Im Gegensatz dazu hat der linke Weg seinen Ursprung in der Immanenz. Die Füße der Leiter stehen hier auf unsicherem Moorboden.
113 Zum Prinzip der Allegorese auf illustrierten Flugblättern für den Anspruch objektiver Bedeutungsfindung vgl. Harms, Feindbilder, S. 155, sowie Schilling, Allegorie.
114 Der Teufel hat eine ausgeprägte satyrhafte Gestalt, die an die Dämonen der griechischen Mythologie erinnert. Damit könnte er nicht nur für die irreführenden Erfindungen und Phantasmen der menschlichen *ratio* stehen, sondern auch als Referenz für eine fehlgeleitete Dichtkunst gelten. Seine Darstellung wäre dann ebenso eine Kritik an literarischer Fiktion und würde implizieren, dass das, was der Mensch sich ausdenkt, ihn von der richtigen Suche nach der Seligkeit und Gott abbringt.

nen des eigenen sündigen Selbst kann es gelingen, das eigene Seelenheil zu erreichen.

In besonderem Maße gilt das auch für den Gebrauch der Vernunft. Personifiziert wird diese durch eine Frauenfigur am unteren rechten Bildrand. Der herausragenden göttlichen Position steht sie bildkompositorisch genau entgegen. Im Kontrast zum höchsten himmlischen Punkt befindet sie sich am Abgrund, am tiefsten Punkt der Schlucht, die sich neben dem Weg auftut. Eingesperrt in ein höhlenartiges Verließ – „Schleust dein Vernunfft ins Gefångnuß ein [...]" (V. 31f.) – blickt sie ebenfalls mit Hilfe eines Fernrohrs durch die Gitterstäbe nach oben zur Pilgergruppe, die den beschwerlichen Aufstieg in Richtung Himmel gemeinsam antritt. Das Fernglas-Motiv wird bildlich wiederholt. Doch obwohl die Sinnzuschreibung dieselbe ist, das Fernglas also auch hier für die *Ratio Humana* steht, wird es ganz offenbar zu einem anderen Zweck eingesetzt als auf der linken Bildhälfte. Das optische Instrument wird nicht dafür genutzt, das Selbst in den Blick zu nehmen, sondern um den Weg des Gläubigen visuell nachzuvollziehen. Entscheidend ist dabei die oben beschriebene physische Position der Vernunft. Sie ist dem Göttlichen eindeutig untergeordnet. Hierin scheint für das Blatt die einzig legitime Möglichkeit des Vernunftgebrauchs zu bestehen. Dem Verstand wird dann eine – wenn auch nachrangige – Erkenntnisfunktion zugestanden, wenn er „[u]nter den Ghorsam Christi [...]" (V. 32) steht. Die *Ratio* findet ihre Berechtigung darin, die Dinge in ihrem intendierten, göttlich vorgegebenen Sinn wahrzunehmen. Die Blätter, die der Baumstumpf auf dem Dach des Gefängnisses austreibt, deuten an, dass die Arbeit des Verstandes unter spezifisch vorgegebenen Voraussetzungen zumindest bis zu einem bestimmten Maß fruchtbar sein kann. Im Gegensatz hierzu steht der tote Baum auf der linken Bildseite, der für den ‚falschen' Vernunftgebrauch steht. Den Anspruch an diesen Gebrauch der Vernunft überträgt das Blatt über die eingesperrte Frauenfigur auf die Rezipierenden selbst.[115] Der Blick der eingesperrten, für alle anderen Figuren im Bild nicht beobachtbare *Ratio* auf *Fides* spiegelt gewissermaßen den Blick der Betrachtenden auf das Bild wider. Die Rezipierenden werden zu externen Beobachtenden eines bildimmanent wiederum beobachteten Geschehens. Ihre Position wird über eine Vervielfachung verschiedener Beobachtungskonstellationen selbst ins Bild gebracht. Um den Inhalt zu verstehen, wird auf dem Blatt dazu eingeladen, den Verstand zu gebrauchen. In ihrer medialen Bearbeitung kommt die Vernunft zu sich selbst. Aber eben nur, und

---

115 Münkner beschreibt, wie die „Effekte der optischen Erfahrung mit zeitgenössischen Sehhilfen auf die Blätter übertragen [werden]" und „die Blätter [...] dem Betrachter ein interaktives Wechselspiel mit dem abgebildeten optischen Utensil an[bieten] und [...] dieses Angebot gleich ein[lösen]" (Münkner, Formen, S. 85).

das hebt der Titel des Blattes noch einmal deutlich hervor, wenn „sie sich einer Wahrheit zuwendet, die den Menschen übersteigt".[116] Die *Ratio* bleibt dann ein solches *MYSTERIUM*, das zwar durch das Medium sichtbar gemacht, als göttliches, den menschlichen Verstand übersteigendes Geheimnis jedoch nicht aufgedeckt wird und damit als solches bestehen bleibt. Die Grenzen menschlicher Beobachtungsfähigkeit werden so noch einmal deutlich markiert. Es wird klar, dass es trotz innerer Wachsamkeit (göttliche) Bereiche gibt, die man an- aber eben nicht durchschauen kann. Der *gewisse Weg zur Seligkeit* besteht für Rezipierende offenbar darin, diesen Sachverhalt als Reflexion des eigenen Zustands stets mitzudenken.

---

[116] Rohls, Fides, S. 84.

3 Diabolische Beobachtung in Bezug auf realhistorische Ereignisse

3.1 Weibliche Geschwätzigkeit als Ablenkung

Stand im ersten Teil der Arbeit die Beleuchtung diabolischer Beobachtung als Element allegorischer Szenen im Vordergrund, soll im zweiten Teil die Funktionsweise von Flugblättern ergründet werden, die verschiedenartig gelagerte Problematiken fehlender Wachsamkeit gegenüber dem teuflischen Verführer im Kontext des sozialen Alltags thematisieren.[117] Der Fokus der Analyse verlagert sich hierbei von einer heilsnotwendigen inneren, moralischen Beobachtung hin zu sozialen Beobachtungskonstellationen innerhalb eines gesellschaftlichen Gefüges. Geht es bei den allegorischen Darstellungen immer um mehr als das konkret Dargestellte, lässt sich in der flugpublizistischen Bearbeitung realhistorischer Ereignisse oftmals eine klare Stoßrichtung, ein spezifisches Thema oder Ereignis ausmachen, über das berichtet wird. In der folgenden Analyse jedoch soll gezeigt werden, dass es gerade bei Inszenierungen, in denen der Teufel als unauffälliges Bild- und Textelement hinzukommt, um mehr geht als die bloße Darstellung eines bestimmten Motivs. Es handelt sich dann um flugpublizistische Narrative, die auf eine rezeptionsästhetische Aufmerksamkeitslenkung zielen, in die der Blick Betrachtender ganz bewusst miteinbezogen wird. Um die Aufmerksamkeit Betrachtender auf die Probe zu stellen und ihre Wachsamkeit zu erhöhen, wird der ontologische Status des Teufels im Unklaren gelassen. Seine Darstellung changiert zwischen personalem äußeren Feind, der sich aktiv am bild- und textimmanenten Geschehen beteiligt und einer Imagination innerer Selbstgefährdung, als die er für die Akteure nicht sichtbar ist. Es soll nachgezeichnet werden, wie dadurch die individuelle und kollektive Verpflichtung zur Wachsamkeit miteinander verknüpft werden.

Am Anfang dieser zweiten Untersuchungsreihe steht ein im ersten Drittel des 17. Jahrhunderts vermutlich in Straßburg erschienenes Flugblatt mit dem Titel *Schaw=Platz/ Aller Schnadrigen/ Vielschwåtzigen/ Bapplerin* [...][118] (Abb. 8), das sich über die angebliche Geschwätzigkeit von Frauen und die Faulheit weiblicher

---

117 Zur Rolle der Flugpublizistik für die historiographische Erforschung des frühneuzeitlichen Alltags, in den sie Einblicke gewährte vgl. Bellingradt, *Flugpublizistik*, S. 16.
118 *Schaw=Platz/ Aller Schnadrigen/ Vielschwåtzigen/ Bapplerin* [...]. [Straßburg] [1. Drittel des 17. Jahrhunderts], Herzog August Bibliothek Wolfenbüttel: IE 110; vgl. *DIF I*, Nr. 145 (kommentiert von Michael Schilling); zu einer anderen Fassung des Blattes ohne Text vgl. Flemming, *Deutsche Kultur*, Abb. 146.

∂ Open Access. © 2024 bei den Autorinnen und Autoren, publiziert von De Gruyter. [CC BY] Dieses Werk ist lizenziert unter einer Creative Commons Namensnennung 4.0 International Lizenz.
https://doi.org/10.1515/9783111323152-003

Abbildung 8: *Schaw=Platz/ Aller Schnadrigen/ Vielschwätzigen/ Bapplerin* [...], 1. Drittel des 17. Jahrhunderts, Flugblattexemplar der Herzog August Bibliothek Wolfenbüttel.

Dienstboten mokiert. Dass das Blatt der bisherigen Forschung als geradezu mustergültiges Exempel zur Veranschaulichung des in Mittelalter und Früher Neuzeit weit verbreiteten Figurentypus des *übelen wîbes* diente, überrascht aufgrund seiner textuellen und bildlichen Darstellung kaum:[119] Sowohl in einer Fülle an Einzelszenen als auch in fünf dichtgedruckten Textzeilen wird das *vnnûtz gschwâtz* der Frauen, das nahezu alle ihnen zugeordneten sozialen Bereiche betrifft, mit Hilfe gängiger satirischer und misogyner Zuschreibungen dargelegt. Auch die Verbindung von weiblicher Schwatzsucht und Teufelsmacht kann in diesem Kontext als typisch gelten.[120] Doch scheinen derartig geläufige Muster dem Blatt lediglich als Folie zu dienen, um darüber hinaus zu veranschaulichen, welche individuellen Verhaltensweisen der gesellschaftlichen Ordnung zuträglich sind oder eben gerade nicht – allen voran die (fehlende) Fokussierung der eigenen Aufmerksamkeit. Über die gefährliche Unauffälligkeit des Teufels, der von den Betrachtenden erst bei genauerem Hinsehen zu entdecken ist, wird diese Pflicht zur Wachsamkeit in einem autoreflexiven Modell verhandelt.

Vor der Kulisse einer städtischen Szenerie gibt die Graphik des Blattes überblicksartig solche gesellschaftlichen Prozesse wider, die aus zeitgenössischer Sicht zu den angestammten Aufgaben von Frauen zählten. Darunter fielen neben dem Gebären von Kindern auch deren Pflege, der Kirchgang sowie die Versorgung der Familie mit Grundnahrungsmitteln wie Brot und Wasser und das Waschen.[121] Im Vordergrund der linken Bildhälfte werden die perspektivisch vergrößerten Innenansichten eines Badehauses und des ersten Stockwerks eines Privathauses erkennbar. Im Mittelgrund wird die Darstellung durch eine Kirche ergänzt, in die man ebenfalls hineinschauen kann. Der rechte Vordergrund der Graphik zeigt einen öffentlichen Platz mit Brunnen. Alle dargestellten Orte sind solche, an denen die (weibliche) *face-to-face*-Kommunikation als dominante Form des kommunikativen Austausches vorkommt.[122] Im Mittel- und Hintergrund reihen sich Häuserfronten dicht aneinander. Ihre Fensterfronten sind auf den lebendigen Marktplatz ausgerichtet. Bei den abgebildeten Personen handelt es sich fast ausschließlich um weibliche Figuren, die über die gesamte Graphik

---

119 Zur bisherigen Forschung zu dem Blatt vgl. neben dem Kommentar von Michael Schilling in *DIF I*, S. 300 auch Holenstein/Schindler, Geschwätzgeschichte(n), u. a. S. 57 f.
120 So konstatiert etwa Ulbrich, dass „das übel-wîp-Motiv in der Literatur auf die Verbindung von Weiberregiment und Teufelsmacht [verweist]" (Ulbrich, Unartige Weiber, S. 15 f.).
121 Vgl. dazu den Kommentar von Michael Schilling in *DIF I*, S. 300.
122 Zur Rolle und Funktion öffentlicher Orte in frühneuzeitlichen Kommunikationsstrukturen vgl. u. a. Holenstein/Schindler, Geschwätzgeschichte(n), S. 57 f., Hrubá, Bürgerinnen und Bürger, S. 193, Rublack, Grundwerte, S. 14, Schwerhoff, Kommunikationsraum, S. 137 und S. 140 f., sowie Behringer, ‚Kommunikation', Sp. 1013; speziell zu Brunnen als markante Raumelemente, „die für die Konstituierung der frühneuzeitlichen Öffentlichkeit bedeutsam [waren]" (Schwerhoff, Kommunikationsraum, S. 140), vgl. Behringer, ‚Piazza', Sp. 10 u. Morét, ‚Brunnen', Sp. 469.

verteilt in Kleingruppen zusammenstehen oder -sitzen. Ein Großteil von ihnen, gekennzeichnet durch entsprechende Mimik und Gestik, ist in Gespräche vertieft oder in eine verbale Auseinandersetzung verwickelt.

Das Bild zeigt, dass die Frauen durch ihre Gespräche von ihren eigentlichen Verpflichtungen abgelenkt sind. Sie kommen diesen oft gar nicht oder nur noch mangelhaft nach. Das geht etwa aus den Szenen vor der Mühle und dem Backhaus im rechten Mittelgrund der Graphik hervor. Das Mehl, welches die Frauen erhalten, müsste eigentlich zur Weiterverarbeitung in die Backstube transportiert werden. Ähnliches gilt für die Verteilung des fertigen Brots, das zwar abgeholt, aber nicht weiter ausgeliefert wird. Stattdessen haben sich die Frauen auf den Mehlsäcken vor den entsprechenden Gebäuden zur Unterhaltung niedergelassen. Dieser vorherrschenden Darstellung weiblicher Unproduktivität werden nur vereinzelt positive Beispiele entgegengesetzt. So beteiligt sich etwa eine einzelne weibliche Figur im Abseits der Gruppe vor dem Backhaus nicht an den Unterhaltungen, sondern transportiert ihren Mehlsack auf dem Kopf weiter zum Ort seiner Bestimmung. Der Produktionsprozess wird an mehreren Stellen durch die Gespräche der Frauen unterbrochen; das reibungslose Funktionieren einzelner Arbeitsabläufe ist nicht mehr gewährleistet. Die mangelhafte Pflichterfüllung der Frauen stört den ökonomischen Kreislauf, was wirtschaftliche Folgen für die gesamte soziale Gesellschaft mit sich bringt.

Derartige negative ökonomische Folgen weiblicher Gesprächigkeit klingen auch im Titel des Blattes eindeutig an. Hiernach ist es angeblich der Frauen „gröster Lust vnd Frewd [...]/ ihr Zeit mit Nachtheil Jedermånniglichen/ und Versaumung ihrer Arbeit mit Schwapplen auff dem Schwatz-Marck zubringen." Frauengespräche werden nicht einfach nur als überflüssig angesehen. Über das Schlagwort *Schwatz-Marck* wird die weibliche Kommunikation selbst als ökonomisches Geschehen dargestellt. Dabei stellt dieser Markt gewissermaßen einen Konkurrenzmarkt zu demjenigen dar, auf dem materielles Handelsgut vertrieben wird. Die Ware und Währung auf dem weiblichen *Schwatz-Marck* ist die Menge an Wörtern (*copia verborum*). Diese Auffassung eines ökonomischen Systems ist jedoch in der Logik des Blattes gerade falsch, da es dem *bonum commune* vielfach unzuträglich und damit unökonomisch ist.[123] Statt ihr zu nutzen, schadet das Verhalten der Frauen der Allgemeinheit. Durch ihr Geschwätz verschwenden die Frauen Zeit, die sie besser – nämlich zum Wohl der Gemeinschaft – nutzen könnten. Sie sind von ihrer eigentlichen Arbeit abgelenkt. Der Fokus ihrer Aufmerksamkeit verschiebt sich.

---

123 Zum Gemeinnutz als zentraler Wert der Stadtgemeinschaft vgl. Rublack, Grundwerte, S. 13 und S. 20 f., sowie Hrubá, Bürgerinnen und Bürger, S. 194.

Beim Schwätzen richtet sich ihre Aufmerksamkeit gerade nicht auf das, was den überindividuellen Zielen der sozialen Gemeinschaft zuträglich wäre.

Über diese sozial-ökonomische Komponente hinaus stellt das Blatt die angebliche weibliche Schwatzsucht als moralisches Problem dar (*garrulitas*). In Bild und Text wird hierfür ein komplexes Ineinandergreifen von teuflischer Verführung und menschlicher Unaufmerksamkeit verantwortlich gemacht. Im Prolog des Textes wird zunächst die privilegierte „Einmaligkeit der menschlichen Sprache im Bereich der Natur"[124] betont, aus welcher der Verfasser eine „besondere Sorgfaltspflicht für das Reden"[125] herleitet. Lediglich „zu Gottes Lob und ehrn" (V. 9) sei der Mund zu gebrauchen. Im Vergleich zu diesem Idealzustand jedoch weist der alltägliche Ist-Zustand große Diskrepanzen auf: „Aber es wird täglich gespůrt/ Daß der so Eva hat verführt/ Viel Leut dahin verleid/ daß sie Ihrer Zungen war nemmen nie [...]" (V. 11–14). Der Text beschreibt die teuflische Verführung als täglich lauernde Gefahr. Über die Referenz zur Erbsünde wird die schicksalhafte Verbindung zwischen dem Weiblichen und dem Teuflischen betont.[126] Es wird eine gewisse weibliche Anfälligkeit für das moralische Fehlverhalten suggeriert.

Gleichzeitig, und das hat für die Fragestellung der vorliegenden Arbeit besondere Relevanz, wird im Text der Grund dafür, dass der Teufel beinahe ungehindert zur Tat schreiten und die Frauen immer wieder zur Sünde bewegen kann, nicht nur in einer fehlgelenkten, sondern einer gänzlich fehlenden Aufmerksamkeit der Frauen gesehen: „Sie bapplen all/ keine merckt auff" (V. 24). Was entsteht, ist also eine wechselseitige Dynamik zwischen weiblicher Unaufmerksamkeit und diabolischer Verführung, die sich gleichermaßen bedingen: Der Teufel verführt die Frauen zum Schwätzen, ihre Geschwätzigkeit wiederum wird zum Einfallstor für den Teufel. Das Problem weiblichen Geredes entsteht im Kern also bereits durch ein Aufmerksamkeitsproblem. Das zeigt auch der Vergleich mit dem Tierreich: „Dann wie die Gånß ein Schnader treiben/ So treibt es auch der Weiber hauff [...]" (V. 22–23). Frauen-Geschwätz wird dabei nicht nur spöttisch auf eine Stufe mit animalischer Lautverständigung gestellt, sondern ist noch darunter anzusiedeln. Denn das Schnattern der Gänse kann als koordiniertes Gruppenverhalten verstanden werden, bei dem etwa die alternierende Lautstärke darauf hinweisen kann, ob sich ein möglicher Fressfeind in der Nähe befindet oder nicht. Es dient der gegenseitigen Verständigung und ist Ausdruck von verteilt gelagerter Wachsamkeit.[127] Weibliches Gerede kann dagegen selbst diese primitive Grundfunktion nicht mehr erfüllen. Dem feindlichen Teufel

---

124 Schilling, Kommentar in *DIF I*, S. 300.
125 Ebd.
126 Vgl. dazu Ulbrich, *Unartige Weiber*, S. 15f.
127 Zur Funktionsweise wachsamer Arrangements und zum Wachen im Tierreich vgl. Brendecke, Wachsame Arrangements, v. a. S. 13 und S. 16.

nämlich gelingt es ganz offensichtlich, die Frauen wiederkehrend zu verführen. Weibliches Geschwätz wird damit als in jeglicher Hinsicht nutzlos dargestellt.

In der Gemengelage der unproduktiven Frauen gibt es nur eine Figur, die äußerste Produktivität bei ihrem Schaffen beweist: der Teufel selbst. Er kommt seiner Rolle als Verführer der Menschen zur Sünde gewissenhaft nach, indem er die fehlende Aufmerksamkeit ganz bewusst in sein Versuchungskalkül integriert und sich diese für seine diabolische Verführung zunutze macht. Ausgerechnet im Innenraum der Kirche tritt er bildlich als konkrete Figur in Erscheinung.[128] Die Kirche galt frühneuzeitlich nicht nur als Ort, an dem Gottesdienste abgehalten wurden. So war etwa ihr Turm auch zentraler Bestandteil des städtischen Sicherheitssystems.[129] Es ist auffallend, dass die Kirchturmglocke am oberen Rand der Graphik zwar dargestellt wird, jedoch stillsteht und daher offenbar nicht läutet. Obwohl sich der größte Feind des Menschen mitten im gesellschaftlichen Zentrum befindet, schlagen die weltlichen Warnsysteme nicht an. Hieraus folgt, dass der Teufel entweder gar nicht oder zumindest nicht als greifbare Gefahr, wie etwa Feuer, wahrgenommen wird, auf die punktuell hingewiesen werden könnte. Der Teufel ist offenbar keine konkret greifbare Bedrohung, sondern zählt selbst zu oder leistet den „disruptiven Kräften" zumindest Vorschub, die „sich in der Stadt den Integrationswerten: Einigkeit, Frieden, Recht [entgegen stellen]".[130] Bereits hierdurch wird markiert, dass der ontologische Status des Teufels im Bild im Unklaren gelassen wird.

Dieser Eindruck verschärft sich dadurch, dass er als äußere Figuration für die bildimmanent anwesenden Personen – zumindest diejenigen, die ihn unmittelbar in der Kirche umgeben – potentiell sichtbar wäre, ihm aber offenbar niemand Beachtung schenkt. Mit Hilfe eines Blasebalgs bläst er der Frau, die neben ihm auf der Kirchenbank sitzt, ins Ohr. Die Frau wiederum unterhält sich angeregt mit ihrer Sitznachbarin. Durch ihre Körperhaltung wird markiert, dass sie dem Teufel gegenüber unaufmerksam ist. Über den Blasebalg wird dabei zunächst das Bild einer Inspiration, eines Einhauchens im wörtlichen Sinne erzeugt. Der Frau werden ihre Worte, die sie anschließend weitergibt, vom Teufel infiltriert. Dieser nimmt hierdurch die Position des ersten Schwätzers ein. Der Teufel initiiert dann einen Vor-

---

128 Zur Kirche als bevorzugter Ort der *face-to-face*-Kommunikation und kommunikative Schnittstelle der frühneuzeitlichen Öffentlichkeit vgl. Schwerhoff, Kommunikationsraum, S. 136 und S. 140, sowie Holenstein/Schindler, Geschwätzgeschichte(n), S. 59, wo die Kirche zu einem der „Geschwätzorte" gezählt wird, die „[...] die üblichen Treffpunkte eines Dorfes, einer Stadt, die gesamte den Frauen zugängliche öffentliche Sphäre [bilden]".
129 Zu den unterschiedlichen Funktionen der Kirche, auch als Ort der Sinngebung der frühneuzeitlichen Stadtgemeinde vgl. Rublack, Grundwerte, S. 16 f.
130 Rublack, Grundwerte, S. 17.

gang, der sich anschließend von selbst fortzusetzen scheint. Hierauf weisen sowohl die horizontale Anordnung der Figuren auf der Kirchenbank als auch die Szenen hin, in denen Frauen in angeregte Gespräche vertieft sind, ohne dass der Teufel ein weiteres Mal direkten Einfluss auf sie nähme. Der Teufel wird gewissermaßen zu einem virusähnlichen Erreger eines sündhaften Verhaltens, das sich nach dem ersten Kontakt schnell verbreitet und eine eigene Dynamik entwickelt. Gleichzeitig wird über die Blasebalg-Metaphorik plausibel, dass der Teufel nur noch etwas anfacht, das bereits angelegt ist. Dann wäre er nicht Initiator eines Bösen von außen, sondern käme hinzu, um eine im Inneren des Menschen verankerte Sündhaftigkeit manifest werden zu lassen oder zu steigern. Der Teufel selbst wäre dann eine Metapher innerer Selbstgefährdung, die für andere Menschen äußerlich nicht sichtbar ist.

Beide Deutungsmöglichkeiten sind der Teufelsdarstellung inhärent. Sie suggeriert, dass vom Teufel sowohl eine reale als auch eine imaginäre Gefahr ausgeht. Als Figur nimmt der Teufel dadurch eine Rolle auf der Grenze zwischen Außen und Innen an. Diese changierende Darstellung verdeutlicht, dass eine wachsame Beobachtung des eigenen Selbst, wo sich das Böse bereits aufhalten könnte, ebenso notwendig wird wie die Beobachtung seiner Mitmenschen, hinter denen der Teufel lauern, jedoch von ihnen selbst unbemerkt bleiben könnte. Über das Motiv des einblasenden Teufels verknüpft die Graphik somit eine soziale Problematik mit den Regeln individueller Wachsamkeit. Das Problem mangelnder individueller Wachsamkeit wandelt sich in dem Moment zu einem kollektiven, in dem die Folgen des (Nicht-)Handelns der einzelnen Frau über sie hinausgehen und andere davon betroffen sind.[131] In der bildlichen Inszenierung scheint es explizit um die Darstellung eines solchen Übertragungsprozesses von Individuum auf das Kollektiv zu gehen. Die Ausbreitung weiblicher Geschwätzigkeit auf andere wird hier durch einen bestimmbaren Moment individueller Unaufmerksamkeit ausgelöst, von wo aus er sich auf andere überträgt. Diese Annahme verstärkt sich, wenn die textuelle Beschreibung des Sachverhalts hinzugezogen wird. Dort heißt es im dritten Abschnitt zu den Geschehnissen in der Kirche:

> Soll man dann in der Kirchen beten/
> So thun sie bald zusammen treten/
> Und richten da auß groß und klein/
> Wie es ihn der Sathan byläßt ein/
> dörffen auch da reden von dingen/
> vnd solch vnnütz gschåtz vorbringen/
> die sich nit schicken an dem ort/

---

[131] Vgl. dazu Moos, *Das Öffentliche*, S. 21.

noch fahren sie mit schwatzen fort/ [...].
(Str. 3, V. 1–8)

Selbst in der Kirche, einem ausgewiesenen Ort der stillen Andacht, kommen die Frauen ihrem unnützen Geschwätz nach. Die religiöse wird durch profanste mündliche Kommunikation ersetzt. Dieser Beschreibung entsprechend sind Altar und Kanzel im Bild dann auch bezeichnenderweise leer. Kommunikationsmedien wie Predigt und liturgische Handlungen, welche die Kirche typischerweise dominieren, werden verdrängt.[132] Das Verhalten der Frauen steht der moralischen Tugend des Schweigens diametral entgegen.[133]

Das weibliche Fehlverhalten zieht sich durch alle Altersklassen hindurch und hat sich bereits als Gewohnheit verfestigt:

> So bald zwo kommen in ein stul/ [...]
> dann fangen sie nach ihrem Brauch
> Ein solch gaffen und bappeln an/
> daß keins vor ihn recht bettn kan/
> vnd können wol zwo solche Spritzen
> Zehen andre so umb sie sitzn/
> Mit ihrem gschwåtz also bethörn
> daß sie Gottes Wort auch nicht hörn [...].
> (Str. 3, V. 21–30)

Der Text prangert dabei nicht nur den vorherrschenden Sittenverfall an sich an. Indem die Frauen sich mit ihrem Geschwätz untereinander regelrecht anstecken, werden sie überdies als Nachahmerinnen des Teufels dargestellt. Im Text wird explizit das Gespräch zwischen *zwo* Frauen beschrieben. Auch die Pluralformulierung, dass der Teufel *ihn* einbläst, verweist darauf, dass er hier mehrere Frauen gleichzeitig verführt. Im Bild hingegen wird die Infiltrierung einer einzelnen Person dargestellt, von der aus sich die Geschwätzigkeit weiter ausbreitet. Dabei wäre es durchaus möglich gewesen auch eine kollektive Beeinflussung graphisch abzubilden.

---

132 Zu den Formen religiöser Kommunikation, für welche die Kirche den Rahmen bietet vgl. Schwerhoff, Kommunikationsraum, S. 143 f.
133 Zur monastischen Tugend des Schweigens als Selbstüberwindung zu Ehren Gottes sowie zur christlich begründeten Warnung vor dem Schwatzen, zuallererst dem in der Kirche vgl. Holenstein/ Schindler, Geschwätzgeschichte(n), S. 51.

Das zeigt der Vergleich mit einem Holzschnitt von Albrecht Dürer und dem dazugehörigen Exempel aus Marquarts von Stein *Der Ritter vom Turn*[134] (Abb. 9), das als älteste Legende vom Kirchengeschwätz gilt. Auch in diesem Fall geht es thematisch um die Geschwätzigkeit von Frauen während der Messe. Im Unterschied zum Anfangsbeispiel jedoch wird den Frauen der Gesprächsstoff auf diesem Holzschnitt nicht durch einen Blasebalg eingegeben. Der Teufel erzeugt vielmehr eine Gesprächssituation von Angesicht zu Angesicht, indem er die Köpfe zweier Frauen packt und zueinander dreht. Im Text wird beschrieben, „wie der böße vyend schwartz vnnd vngestalt/ wañ sy söllich geschwetz vnd gelechter ůbten iren reden gar eben vff marckte/ Vñ võn einer achseln zů der andern sprang/ glich wie die kleyne vögelin von eynem ast vff den andern spryngen [...]". Changierend zwischen Verniedlichung und Abscheu mutet die Beschreibung des Teufels wie die eines agilen Störenfrieds an, dem es mit Leichtigkeit gelingt, mehrere Frauen gleichzeitig zur Sünde zu verführen. Anstatt seiner Hände benutzt der Teufel für seine Verführung im Ausgangsbeispiel ein technisches Hilfsmittel, durch das er ganz gezielt einer einzelnen Frau ins Ohr blasen kann. Im Bild des Flugblattes soll ein individuelles Wachsamkeitsproblem gegenüber der teuflischen Einflussnahme pointiert sichtbar gemacht werden, das überindividuelle Folgen hat. Im Umkehrschluss würde ein vorbildliches Verhalten, also eine gesteigerte individuelle Aufmerksamkeit, einen positiven Effekt auf das gesellschaftliche Zusammenleben haben.

Auf mehreren Ebenen wird nun versucht, diese bildliche und textuelle Botschaft des Flugblattes auf Rezeptionsebene zu übertragen. Rezipierende sollen letztlich ein Bewusstsein dafür bekommen, welchen Stellenwert ihr individuelles Handeln innerhalb der sozialen Gemeinschaft hat und wie es sich auf die Ziele dieser Gemeinschaft auswirken kann, deren Mitglied sie sind. Um das gewünschte Verhalten aber zunächst einmal einzuüben, werden Frauen in den Schlussversen des Flugblatttextes die positiven Folgen in Aussicht gestellt, die sich für diejenigen einstellen, die sich zukünftig nicht mehr am Geschwätz beteiligen:

> Darumb ich all trewlich vermahn/
> So solches bißher haben getahn/
> daß sie des schwetzens mussig stehn
> Ihrer Arbeit trewlich nachgehn/
> So tragen sie neben dem Lohn
> Huld vnd Gottes Segen darvon.
> (Str. 17, V. 5–10)

---

[134] La Tour Landry/Marquart/Dürer, *Der Ritter vom Turn von den Exempeln der gotsforcht vnd erberkeit*. Basel 1493; zur historischen Einordnung des Exempels als älteste Legende vom Kirchengeschwätz vgl. Holenstein/Schindler, Geschwätzgeschichte(n), S. 45; zu Marquarts literarischer Tätigkeit, v. a. seiner Übersetzung des ursprünglich französischsprachigen Volksbuches vgl. Newald, ‚Marquart', Sp. 276.

3.1 Weibliche Geschwätzigkeit als Ablenkung — 55

wie eyn waldbruder meß hielt
vnnd ettlich wyß vnnd man jn der kylchen woren geschwetz vnnd
gelechter tryben die all vnsynnig wurden/

Ber will ich üch sagen eyn ander exempel/ vō denen so jn
der kylchen geschwetz vnnd klappery tryben/ wann sy meß
oder das heilig ampt hören solten/ Es was vff eyn zyt eyn
waldbrüder gar eyns heiligen lebens/ Der hatt by synem
brüder huße eyn capelle/ dar jnn sant Johanns gnedig vñ
patron was/ Begaß sich eyns tags das etlich herrn frowen
vnd junckfrowen vom lande ein kylchen fart da hyn theten /
vmb ablaß deß kylchlyß vnnd ouch vmb heylikeit willen deß brüders/ Der
vff den selben tag dz ampt hatt/ Als sich nun der nach dem ewangelio vmb
keren/ Ward er die herrn frowen vnnd junckfrowen mitt einander hynder
der messen sehen runen vnnd schwetzen/ Vnnd sach dar mitt wie der böße
vyend schwartz vnnd vngestalt/ wañ sy söllich geschwetz vnd gelechter übten
jren reden gar eben vff marckte/ Vñ vō einer achseln zů der andern sprang/
glich wie die kleyne vögelin von eynem ast vff den andern springen/ Deß
sich der brüder segnet vnnd gröslich vwundert/ Als er nun kam byß vff dz
per oīa secula seculorū/ Hort er sy noch lüter vñ mer geschwetz trybē dañ vor
C iiij

Abbildung 9: *wie eyn waldbruder meß hielt*, Holzschnitt aus: La Tour Landry/Marquart/Dürer: *Der Ritter vom Turn* [...], Basel 1493, S. 40.

Über das Indefinitpronomen *all* richtet sich das Sprecher-Ich mit seiner Botschaft an niemand bestimmtes und gleichzeitig an jedes einzelne Mitglied einer sozialen Gemeinschaft. Obwohl zunächst noch von einer Mahnung gesprochen wird, soll offenbar nicht mit dem moralischen Zeigefinger auf bestimmte Personen gezeigt werden, um diese öffentlich vorzuführen. Vielmehr soll das Geschriebene eine positive Bestärkung darin sein, schlechte Verhaltensweisen zu ändern. Sowohl eine angemessene monetäre Entlohnung, das Wohlwollen anderer und nicht zuletzt das eigene Seelenheil sind dann zu erwarten. Über persönliche Anreize versucht der Text eine (Re-)Fokussierung auf das Wesentliche, ein idealtypisches Handeln zu bewirken. Der Ausblick, ein angesehener Teil einer Gesellschaft zu sein und bleiben zu können, ist der soziale Kontrollhebel, um das ebendieser Gemeinschaft zuträgliche Verhalten durchzusetzen.

Eine solche Wirkung soll darüber hinaus auch über mehrere rezeptionsästhetische Strategien generiert werden, die im Folgenden spezifisch erläutert werden. Um die Aufmerksamkeit Betrachtender zu erhöhen, und das gewünschte Verhalten direkt am Publikum zu erproben und mit ihm einzuüben, wird der Teufel auf dem vorliegenden Flugblatt nicht einfach als monströse Gestalt dargestellt, die auf den ersten Blick sichtbar wird. Vielmehr muss er als Figur zunächst entdeckt werden. Indem die Bildstruktur nicht streng symmetrisch komponiert ist, entsteht ein komplexes darstellerisches Gefüge von gleichzeitig stattfindenden Ereignissen. Durch diese spezifische Darstellungsweise ruft die Graphik aus heutiger Sicht Assoziationen mit einem Wimmelbild[135] hervor. Die große Menge und hohe Dichte der bildlich dargestellten Szenen sorgt dafür, dass sich die Aufmerksamkeit der Bildbetrachtenden erst einmal auf keine Einzelheit richtet. Das Auge hat keinen Anlass dazu, durch zum Beispiel auffällige graphische Hervorhebungen von einer bestimmten Darstellung besonders angezogen zu werden. Über das mannigfaltige visuell wahrnehmbare Geschehen hinaus stimuliert die Darstellung – zumindest in der Imagination der Betrachtenden – auch akustische Reize. So wird etwa durch zwei springende Hunde, die sich mit weit geöffneter Schnauze auf den Brunnen zubewegen, ein lautes Kläffen angedeutet. Ebenso klingen durch die dargestellte Mühle und den Fluss potentiell ein Klappern beziehungsweise Rauschen im Ohr der Betrachtenden an. Die Graphik erzeugt auf diese Weise eine multisensorische, vi-

---

135 Unter dem Begriff ‚Wimmelbild' wird eine bildliche Darstellung verstanden, in der mit einer großen Detailfülle oft gleichzeitig ablaufende Geschehnisse gezeigt werden, wodurch sich Einzelheiten erst bei konzentrierter Betrachtung erschließen lassen; zur Begriffsdefinition vgl. ‚Wimmelbild', bereitgestellt durch das Digitale Wörterbuch der deutschen Sprache: https://www.dwds.de/wb/Wimmelbild [letzter Zugriff: 07.12.23].

suelle und imaginativ-auditive Reizüberflutung.[136] Obwohl der Teufel, lediglich leicht aus der zentralen Symmetrieachse entrückt, den Mittelpunkt der Graphik darstellt, ist er eines der Details, das in diesem bildlich erzeugten Trubel leicht zu übersehen ist. Zwar macht ihn seine äußere Erscheinungsform durch die ihm zugeschriebenen Attribute wie Hörner, Schwanz und Hufe sowie Blasebalg als Teufel erkennbar. Doch unterscheidet er sich weder in seiner Größe noch durch andere bildgebende Verfahren wie etwa starke Hell-Dunkel-Kontraste von den übrigen dargestellten Personen. Zunächst erscheint er daher als eine Figur unter vielen.

Die unübersichtlich wirkende Detailfülle des Bildes wiederholt sich im Text. Beim eigenen Versuch, weibliche Geschwätzigkeit textuell abzubilden, muss sich der Verfasser des Blattes gewissermaßen selbst der *copia verborum*[137] bedienen. Die Darstellungsart beinhaltet ein stark autoreflexives Moment, indem sie auf sprachlichen Reichtum einerseits, aber auch auf die zeitgenössische Klage über die als bedrohlich wahrgenommene anwachsende Schriftlichkeit andererseits rekurriert.[138] Laut Verfasser des Flugblatttextes liegt eine besondere Schwierigkeit darin, die weibliche Geschwätzigkeit unter Kontrolle zu bringen: „Und bappeln durcheinander her/ Daß es vielen wird fallen schwer/ Einer jeden wort auff zuschreiben" (V. 23–25). Bildlich evident wird dieser „Unsagbarkeitstopos"[139] etwa in einem weiteren Holzschnitt in Marquarts *Der Ritter vom Turn*[140] (Abb. 10).

Thematisch geht es auch in diesem Holzschnitt um Frauen, die sich in unsittlicher Weise während der Messe miteinander unterhalten. Das Geschehen wird von zwei Teufelsfiguren beobachtet und schriftlich registriert. Die hintere der beiden Teufelsfiguren hat dabei offenbar Schwierigkeiten, alle Wörter, die gesprochen werden, zu notieren. Aus dem Erzähltext geht hervor, dass die Pergamentrolle, die dem Teufel zur Verfügung steht, droht, bei diesem Versuch zu Ende zu gehen. Dem Verfasser des Flugblatttextes hingegen gelingt es trotz aller Schwierigkeiten, einen Text über das weibliche Fehlverhalten anzufertigen. Er stellt damit performativ den Unterschied zwischen dem überflüssigen Gebrauch weiblichen Schwatzens und der Rede von Belang vor Augen.[141] Dennoch stellt der Text eine große Wortmenge dar, in der der Teufel als wörtliches Detail leicht zu überlesen ist. Im Text findet er nur ein

---

136 Zu Formen multi-sensueller Kommunikation und Partizipation vgl. Robert, *Intermedialität*, S. 6f.
137 Zur Begriffsgeschichte vgl. Margolin, ‚Copia', hier v. a. Sp. 386.
138 Zum zeitgenössischen Phänomen anwachsender Schriftlichkeit und den möglichen Strategien, damit umzugehen vgl. Brendecke, Papierfluten.
139 Schilling, Kommentar in *DIF I*, S. 300.
140 Vgl. Anm. 134.
141 Zum Unterschied zwischen Schwatzen und Rede vgl. Holenstein/Schindler, Geschwätzgeschichte(n), S. 48.

Schlůg er mit der hand vff das Bůch vñ vermeynt sy zů geschweigen/ aber etlich wolten es darumb nit myden/ Da batt er got das er sy schwygen machte/ vnd jnen jr torheit zů erkennen geben wolte/ Also vff ds da fiengen frowen vnnd man an die also geschwatzt hetten/ vnnd gelacher/ mit kieglicher stymen zů schryen/ wie dann lüt die tüfelhaftig synd/ vnnd lyttent so grossen schmertzen das es ein erbermde was zů horen/ Da nun die meß geschehen was/ sagt jnen der heilig man/ wie er den tüfel vff jnen gesehenn hette/ vmb jrs geschwetzs vnnd böser geberden wyllen/ so sy hynder der meß gehandelt hetten/ Vnd sagt jnen dar by wz grossen schadens daruß keme/ Deß glich die gnad vnnd den lon so sy hyn wyder mit jrem andacht hynder der messe verdienen möchten/ Darumb sy sich fürbas flyssen vnd demütikklichen got bytten vnd lieb haben solten/ Darnach durch bytt vñ anrüffung deß heiligē mans/ komen sy all wyder zů jren synnen/ vnnd aller pyn vnd schmertzens entladen/ vnnd hüten sich dar nach vor sollichem/ Darumb dyß eyn gůtt byspel/ ist das nyeman hynder der meß sollich geschwetz vnd gelachter üben sonder ernsthaft vnnd andechtig syn sol/

wie der tufel hynder der meß

die klapperig etlicher frowen vff schreib/ vnd jm das berment zů kürtz wart/ vnnd ers mit den zenen vß eynander zoch/

Abbildung 10: *wie der tufel hynder der meß* [...], Holzschnitt aus La Tour Landry/Marquart/Dürer: *Der Ritter vom Turn* [...], Basel 1493, S. 41.

einziges Mal, nämlich in der dritten Strophe Erwähnung. Zwar wird er dort namentlich als *Sathan*, jedoch eher beiläufig in einem Nebensatz genannt. Um den Teufel zu entdecken, wird neben dem genauen Hinschauen ebenso ein präzises Lesen erforderlich.

Der vermeintlich undurchdringbaren Menge an Wörtern und Bilddetails wird die sukzessive Erklärung der durchnummerierten Einzelszenen entgegengesetzt. Das lesende Nachvollziehen des bildlich Dargestellten dient der Orientierung und Einübung der Fokussierung im Rezeptionsprozess. Details, die möglicherweise unentdeckt bleiben, lassen sich hierdurch erschließen. Die teuflische Raffinesse kann auf diese Weise besonders eindrucksvoll vermittelt werden: Zwar erhalten Betrachtende durch ihre privilegierte Beobachtungsposition einen perspektivischen Gesamtüberblick über das Geschehen. Hierdurch hätten sie insofern die Möglichkeit, den Teufel bei seinen Machenschaften zu beobachten. Sollte er allerdings erst mit der Textlektüre als Detail erkannt werden, stellt sich automatisch ein Moment des Sich-Ertappt-Fühlens ein. Nach seiner erstmaligen Entdeckung sticht der Teufel aus der Masse an bildlichen Einzelheiten dann regelrecht hervor. Die lauernde Bedrohung, der sich die Frauen im Bild durch den Teufel ausgesetzt sehen, wird für Rezipierende eigens spürbar. Diese Rezeptionserfahrung fungiert als wirkungsvolle Erinnerung daran, auch und vor allem gegenüber den aus dem Verborgenen wirkenden teuflischen Machenschaften wachsam zu sein.

Auch der titelgebende *Schaw=Platz* weist auf den performativen Nutzen des Flugblattes hin, das dazu einlädt, genau hinzuschauen. Durch die exponierte Positionierung des Begriffs sowie das vergrößerte Schriftbild wird der Begriff zunächst optisch hervorgehoben und deutliche gemacht, dass es sich um einen zentralen Begriff in der Gesamtkomposition handelt. Der Ausdruck weist zunächst auf die Sichtbarmachung bestimmter Inhalte hin. Im konkreten Fall bezieht sich das auf gesellschaftlich-städtische Vorgänge, die durch die mediale Bearbeitung beobachtbar werden. Das Blatt verweist auf das Unübersichtliche und Mannigfaltige des Städtischen und der damit einhergehenden deutlich erhöhten Komplexität sozialer Interaktion und Kommunikation. Hierüber reflektiert es das wechselseitige Verhältnis zwischen Stadtgesellschaft und Flugpublizistik. Zum einen waren große Städte die wichtigsten Druckorte frühneuzeitlicher Publizistik und Zentren des Informationsaustausches.[142] Siedlungsdichte und menschenreiche Städte mit Plätzen der Öffentlichkeit, wie der im Bild zentral dargestellte Markt und die Kirche, galten als die wichtigsten Voraussetzungen für den Verkauf der Blätter, da sie hier

---

142 Vgl. dazu Schilling, Stadt, S. 114.

buchstäblich zur Schau gestellt wurden.[143] „[D]er Druck brauchte den öffentlichen Raum, um zur Wirkung zu kommen."[144] Zum anderen stellt das Blatt seine eigene mediale Funktion und seinen Stellenwert innerhalb dieses urbanen Kommunikationszusammenhangs heraus. In der bildlichen Darstellung nimmt es dabei auch autoreflexiv auf den vornehmlichen Vertrieb von Flugblättern durch Kolporteure und fliegende Händler Bezug: So nähert sich dem Marktgeschehen von links ein Mann, der auf dem Rücken einen prallgefüllten Korb trägt. Im Text wird diese Figur als *Bauchtrager* bezeichnet, was möglicherweise als Verballhornung des Wortes Buchträger gelten kann. Die Feststellung, dass es *ein kuplerey* (Strophe 17) geben wird, wenn zum ohnehin schon unübersichtlichen Treiben noch ein solcher Kolporteur hinzukommt, lässt sich als gewollte Überspitzung und vielleicht auch als augenzwinkernde Reaktion auf die Kritiker:innen flugpublizistischer Medien verstehen.

Ein weiterer autoreflexiver Bezug ergibt sich aus der voyeuristischen Tendenz des Flugblattes. Wie in der Bildbeschreibung bereits angedeutet wurde, sind die Frontmauern des Bade- und Privathauses etwa darstellerisch ausgespart sowie die Fensterläden des Privathauses weit geöffnet. Es werden so Einblicke in Szenen gewährt, die im Alltag üblicherweise von außen unbeobachtbar und dadurch vor (männlichen) Blicken geschützt waren.[145] Es werden Geschehnisse beobachtbar, die sich in nicht-öffentlichen Räumlichkeiten und damit an Orten zutragen, die nicht allen zu jeder Zeit zugänglich waren.[146] Dass es sich, ähnlich wie bei der teuflischen

---

143 Zur Rolle öffentlicher Plätze für den Vertrieb von Flugblättern- und -schriften vgl. u. a. Schilling, Stadt, S. 125 f., Müller, Mediale Netzwerke, S. 173 f., sowie Adam, Theorien, S. 135.
144 Schwerhoff, Kommunikationsraum, S. 144.
145 Ein voyeuristisches Moment ist etwa der mit der Kennziffer 4 markierten Darstellung der Frauen im Bad inhärent, der sich nicht unbedingt auf die intendierte Erregung eines Lustgefühls durch die Nacktheit der Frauen beziehen muss, sondern sich bereits durch die Befriedigung männlicher Schaulust in dem Sinne verfestigt, dass die Frauen, wie es im Text heißt, im Bad eigentlich unter sich sind; zur Eröffnung der häuslichen Privatsphäre für den Blick der Betrachtenden von Flugblättern vgl. Asmussen, Intermedialität, S. 121.
146 Die Diskussion über die Begriffsbestimmung frühmoderner Öffentlichkeit in der interdisziplinären geisteswissenschaftlichen Forschung ist unüberschaubar (wichtige aktuelle theoretische Impulse gibt sicherlich das 2014 erschienene Buch „Anwesende und Abwesende" von Rudolf Schlögl). Im hiesigen Kontext soll die Feststellung weiterführen, dass der Begriff ‚Privatheit' „in der Geschichte der europ. Nz. eng verknüpft [scheint] mit der Herausbildung einer Sphäre des modernen bürokratischen Staates und den damit verbundenen Formen polit. Öffentlichkeit einerseits und einer davon deutlich getrennten Sphäre der Gesellschaft andererseits, für die die autonome Regulierung der individuellen (auch wirtschaftlichen) Interessen sowie der häusliche Lebensbereich der Familie charakteristisch sind" (Gestrich, ‚Privatheit', Sp. 366); zur fehlenden anthropologischen Konstanz des Begriffspaares „öffentlich/privat" vgl. Moos, *Das Öffentliche*, S. 29. Um die spezifische Vorgehensweise des Flugblattes nachzeichnen zu können, ist es sinnvoll, von Teilöf-

Infiltrierung, auch bei dieser Darstellungsform um eine bewusste Umsetzung des Blattes handelt, zeigt der Vergleich mit dem vermutlich vor 1652 erschienenen Einblattdruck *Der Schnader=Blauder= und Schwatzende Gånßmarck*[147] (Abb. 11).

Abbildung 11: *Der Schnader=Blauder=vnd Schwatzende Gånßmarck*, vor 1652, Flugblattexemplar der Bayerischen Staatsbibliothek München.

Innerhalb des breiten Spektrums an flugpublizistischen Bearbeitungen der Thematik des *übelen wîbes* bietet sich der Vergleich mit dieser Darstellung an, da hier ebenso das rege Treiben auf einem städtischen Markt als Kulisse für die textuelle

---

fentlichkeiten zu sprechen (vgl. Schnell, Die ‚Offenbarmachung', S. 359f.), denn der in Privathäusern praktizierte Lebensstil war keine Privatangelegenheit im heutigen Sinne (zum Konzept des „ganzen Hauses" vgl. Schilling, Die Stadt, S. 18). Dennoch agiert das Flugblatt grenzüberschreitend, indem „der physische Zutritt zum Haus nicht jedem gestattet [war]" (Gestrich, ‚Privatheit', Sp. 368); durch seine Darstellungsform jedoch macht das Blatt genau das: Es gewährt einem jeden den Blick und damit zumindest einen visuell-imaginativen Zutritt ins Innere der Gebäude.
147 *Der Schnader=Blauder=vnd Schwatzende Gånßmarck* [...]. Erscheinungsort nicht ermittelbar, [vor 1652], Bayerische Staatsbibliothek München: Einbl. II,16 ml.

Verhandlung der angeblichen weiblichen Schwatzsucht dient. Neben dem sozialen Setting wird hierdurch also auch die Darstellungstechnik beider Inszenierungen vergleichbar. Dabei wird deutlich, dass die Außenmauern der abgebildeten Gebäude in dieser Graphik darstellerisch nicht ausgespart werden, um den Blick auf die sich dahinter abspielenden Szenen freizulegen.

Der grenzüberschreitende Habitus des *Schaw-Platzes* ist also als bewusste Umsetzung zu bewerten und auch als verkaufsfördernde Maßnahme einzuordnen. Provokante Inhalte hatten eine absatzsteigernde Wirkung, fungierten darüber hinaus aber auch als Abwechslung zum streng geregelten zeitgenössischen Alltag.[148] Gleichzeitig nimmt das Flugblatt hierbei Bezug auf die eigene Rezeptionssituation. Als kleiner Besitz fand es etwa bei Dienstboten, Knechten und Mägden oft Einzug in deren engsten Lebensraum.[149] Doch gewährt das Blatt nicht einfach nur Einsichten in etwas, das sonst im Verborgenen geschieht. Es stellt dieses vermeintlich ‚Private' ganz bewusst öffentlich aus. Der Begriff *Schaw=Platz* ist damit Aufruf dazu, genau hinzuschauen bei gleichzeitiger Zurschaustellung, dass ebendies getan wird. Rezipierenden wird eine Doppelstellung als Beobachtende und Beobachtete zuteil.[150] Die voyeuristische Tendenz des Blattes steht dabei der Heimlichkeit des Teufels entgegen. In dieser Abgrenzung wird die Teufelsfigur nicht nur sichtbar, sondern darüber hinaus auch produktiv nutzbar gemacht, indem sie der Orientierung der Rezipierenden dient. Das Entdecken des Teufels macht deutlich, wie zentral die Fokussierung der eigenen Aufmerksamkeit ist, auch und vor allem in der dargestellten Diffusion innerhalb der Stadt. Hierdurch schafft die Rezeption des Flugblattes ein individuelles Bewusstsein für eine ständige Beobachtung *durch* andere, was die eigene Aufmerksamkeit *für* andere umso unerlässlicher macht. Individuelle und kollektive Verpflichtung zur erhöhten Wachsamkeit, die vor sündhaftem Verhalten schützen soll, werden so auch auf Rezeptionsebene miteinander verknüpft. Der Appell zur Selbst- und Fremdbeobachtung geht oftmals an die Einzelperson, die Realisierungsstrukturen jedoch richten sich darüber hinaus an das Kollektiv.

---

[148] Zur Wirkung von Flugblättern als Entlastung von sozialen Zwängen vgl. Schilling, *Bildpublizistik*, S. 231 f.; zu den Auswirkungen der Lebensbedingungen frühneuzeitlicher Städte, wie der physischen Enge, auf bestimmte Mentalitätsmuster vgl. Schilling, *Stadt*, S. 132 f.
[149] Vgl. dazu Harms/Schilling, *Das illustrierte Flugblatt*, S. 51.
[150] Zur Sphäre der Beobachtung politischer Herrschaft im urbanen Raum vgl. Schlögl, *Politik*, sowie Bellingradt, *Flugpublizistik*, S. 27.

3.2 Zur Spiegelung von Selbst- und Fremdbeobachtung

Abbildung 12: *Erschrockenlicher gantz grausammer/ warhafftiger Spiegel* […], 1538, Flugblattexemplar der Zentralbibliothek Zürich.

Auch im nächsten Flugblattbeispiel, dem in der Wickiana enthaltenen und in St. Gallen gedruckten Flugblatt mit dem Titel *Erschrockenlicher gantz grausammer/ warhafftiger Spiegel* [...] von 1583[151] (Abb. 12), wird die Notwendigkeit zur internalisierten Wachsamkeit als Selbst- und Fremdbeobachtung sowie die damit einhergehende Kopplung von individueller und kollektiver Aufmerksamkeit über die Darstellung der Teufelsfigur verhandelt. Die Herangehensweise unterscheidet sich dabei auf den ersten Blick gravierend von der im *Schaw=Platz*. Der Teufel erscheint hier als jene monströse Gestalt, die den Blick Betrachtender sogleich auf sich zieht. Über die brutale Darstellung im Zentrum des Bildes soll per Schockwirkung vor der Sünde der *hoffart* gewarnt werden. Doch geht die Funktion des Blattes weit über eine bloße Angsterzeugung hinaus. Erneut sorgt hierfür die spezifische Inszenierung des Teufels, durch die seine bildimmanente Rolle unklar bleibt: Er könnte sowohl eigenständiger Akteur und damit für andere äußerlich sichtbar oder aber Teil der Frau und damit die Imagination eines im Inneren des Menschen angelegten Bösen sein, das für andere gerade nicht beobachtbar ist. Im Folgenden soll gezeigt werden, inwiefern eine solche Darstellung der Teufelsfigur rezeptionsästhetische Irritationsmomente erzeugt. Die spezifische Ausgestaltung weist darauf hin, dass die erhoffte Funktion des Blattes – nämlich, ein unsittliches Verhalten zu vermeiden beziehungsweise ein gewünschtes, wachsames einzuüben – dadurch gesteigert wird, dass das Geschehen als bühnenhafte Beobachtungssituation inszeniert wird. Über die Spiegelmetaphorik soll sich die Wirkung dieser bildlich und textuell unterschiedlich ausgestalteten Wahrnehmungsproblematik schließlich auf Rezeptionsebene übertragen und hier zum aktiven inhaltlichen Durchdenken des Blattes anregen.

Die Graphik des Flugblattexemplars ist in zwei Szenen unterteilt, die sich im Inneren und außerhalb eines Hauses zutragen. Die linke Bildhälfte zeigt die Innenansicht eines Zimmers, in dem eine aufwendig gekleidete Frau vor einem Spiegel steht, den sie mit einer Hand berührt, während sie mit der anderen Hand an ihre Kröse fasst.[152] In ihrem Rücken erscheint eine schwarze Teufelsfigur, die den Kopf der Frau mit ihren krallenartigen Klauen gewaltsam packt und nach hinten zu drehen scheint. Am oberen linken Rand werden zwei weitere Figuren erkennbar, die das Geschehen von einer Art Empore aus verfolgen. Gestik und Mimik beider Personen weisen darauf hin, dass sie sich angeregt über das Gesehene unterhalten.

---

151 *Erschrockenlicher gantz grausamer/ warhafftiger Spiegel* [...]. St. Gallen: Straub 1583, Flugblattexemplar der Zentralbibliothek Zürich, Graphische Sammlung: PAS II 20/4; vgl. *DIF VII*, Nr. 142 (kommentiert von Wolfgang Harms).
152 Zur Kleiderordnung als dem bekanntesten Teil frühneuzeitlicher Sozialregulierung, bei dem sowohl, wie im vorliegenden Fall, moralische Kategorien wie Leichtfertigkeit und Hochmut eine Rolle spielen als auch wirtschaftliche Gesichtspunkte, vgl. Schilling, *Bildpublizistik*, S. 222.

Vor einer Häuserkulisse umstellen in der rechten Bildhälfte vier Personen mit unterschiedlichen Trauergebärden eine Totenbahre, auf der ein geöffneter Sarg platziert ist. Aus diesem wiederum springt eine Katze, die zwischen den Vorderpfoten ebenfalls einen Spiegel hält.[153]

Der Titel des Blattes verweist auf seine vordergründige Hauptfunktion: Durch die grausame Darstellung soll es seinem Publikum als Warnung vor dem „von Gott langest verdampten vnd ewig verflůchten/ jetzt aber sehr gemeinen Laster[] der hoffart [...]" dienen. Moralische und soziale Dimension des sündhaften Fehlverhaltens werden hierbei miteinander verknüpft. Bevor der Text schließlich inhaltlichen Aufschluss über das dargestellte Geschehen gibt, geht es zunächst auch hier in einer längeren Vorrede ganz allgemein um die Lasterhaftigkeit der Menschen und deren Sittenverfall. Wichtiger als der Bericht über das dargestellte Ereignis an sich scheint das dahinterstehende Problem zu sein, dass sich viele Gläubige durch nichts und niemanden mehr schrecken lassen. Der Text prangert die „[e]picurische Sicherheit" der Menschen an, durch die sie den „gutherzigen Vätterliche warnungē mit sampt den Erschrocklichē Exempeln der straffen vber begangenge sündē" keine Bedeutung mehr zumessen. Diese werden sogar „gentzlich vernichtet/ verachtet/ verlachet/ vnd für die vnwahrheit geschetzt vnd gehalten [...]". Die Möglichkeit einer moralischen Gefährdung, wie sie etwa der „vbermütige/ stolze/ prachtige auffgeblosene stinckende hoffartsteuffel" darstellt, scheint nicht (mehr) in Betracht gezogen oder erkannt zu werden.[154] Die Menschen legen unsittliches Verhalten an

---

153 In der Wickiana ist auch eine andere Fassung des Blattes überliefert: *Zwo erschrockliche vnd wahrhaffte newe Zeytung* [...]. Schreiber: Köln 1584, Flugblattexemplar der Zentralbibliothek Zürich, Graphische Sammlung, PAS II 24/8; vgl. *DIF VII*, Nr. 147, ebenso kommentiert von Wolfgang Harms; die Graphik ändert sich lediglich geringfügig, hinzugefügt wird jedoch ein weiterer Text, der vom Auftreten ungewöhnlich großer Vogelschwärme berichtet. Obwohl denkbar ist, dass auf einem Flugblatt mehrere Texte zusammengefügt werden können, ohne sich inhaltlich aufeinander zu beziehen (vgl. dazu den Kommentar von Wolfgang Harms in *DIF VII*, S. 296), muss das Hinzufügen des Textes in diesem Fall nicht zufällig sein. Bemerkenswert zumindest ist, dass den mirakulösen Ereignissen im Bild und in der Exempelgeschichte – der Teufel bricht in die Alltagswelt ein und ein Leichnam verschwindet auf wundersame Weise – zwar der Bericht eines ebenso erstaunlichen Wunderzeichens zur Seite gestellt wird (die Vögel werden als *„frömvde vnnd vnbekannt* [...]" beschrieben), doch ist letzteres Ereignis durch die visuelle Wahrnehmung eindeutig beobachtbar (im Titel des linken Textes heißt es diesbezüglich: „ein jeder so es gesehen/ ein entsetzen darob empfangen"). Bereits die spezifische Auswahl und Kombination der Texte also könnte einen Hinweis auf den unklaren ontologischen Status und damit die Wahrnehmungsproblematik geben, die das Blatt verhandelt.
154 Zur Darstellung solcher „Spezialteufel" siehe auch das in der Forschung marginalisierte, auf dem Buchmarkt des 16. Jahrhunderts jedoch erfolgreiche publizistische Phänomen der ‚Teufelsbücher'; zur buchgeschichtlichen Einordnung dieser Textgruppe vgl. Grimm, Die deutschen „Teufelbücher".

den Tag und gehen nicht (mehr) davon aus, dass sie dafür bestraft werden. Diesem Trugschluss möchte das Blatt über die Exempelgeschichte der Kaufmannstochter entschieden entgegenwirken.

Die junge Frau ist dabei die Personifizierung des allgemein festgestellten Sittenverfalls. Neben ihrer Prunksucht an sich lässt sich ihr Hochmut vor allem daran ablesen, dass sie den Teufel eines Tages „auß frăchem verwegenem mŭth herauß [...]" beschwört, offenbar ohne davon auszugehen, dass dieser tatsächlich in Erscheinung treten würde. Doch genau das passiert, wenn der Teufel nach ihrem Ausruf „[g]antz vnuerzogenlich [...] vorhandē" war. Just in dem Moment, in dem die Frau keine Angst mehr vor dem Teufel hat, wird dieser aktiv und dreht der Frau den Hals um. Um die Härte einer ebensolchen Strafe herauszustellen, betont der Text ihre Unmittelbarkeit.[155] Das Blatt versucht, die *superbia* der Menschen mittels Schrecken anzuprangern. Es wird gezeigt, dass der Teufel genau dann, wenn er nicht mehr vermutet und gewissermaßen in den Gedanken der Menschen unauffällig wird, besonders gefährlich ist. Eine fehlende geistige Aufmerksamkeit gegenüber der moralischen Gefährdung durch den Teufel wird durch ihn auf tödliche Weise sanktioniert. Hierbei zielt das Blatt auf eine „abschreckende Wirkung, die von der überspitzten Darstellung des zu Meidenden ausgeht".[156]

Auffällig viel Raum wird dabei den Wahrnehmungsprozessen eingeräumt, mit denen der thematische Kern des Blattes sowohl erzählerisch als auch bildlich wiedergegeben wird. Zunächst bezieht sich das auf die Selbstwahrnehmung der Frau. Die Kaufmannstochter nutzt den Spiegel, um „gewohn frŭ vnd spat fŭr [ihn] zŭstehn/ hinden vnd vorne zubeschawen [...]". Sein praktisches Nutzbarmachen, um sich besser betrachten zu können, hat sich durch die häufige und stete Wiederholung zu einer selbstverständlichen Handlung herausgebildet. Doch ist das Betrachten im Spiegel mehr als ein Automatismus. Als im Tagesablauf fest integrierte Gewohnheit wird das Verhalten der Frau zum moralischen Problem. Der Spiegel dient der Steigerung ihrer Prunksucht, die sie selbst nicht als Sünde wahrnimmt. Bezeichnenderweise ist der Spiegel in der graphischen Umsetzung dann auch leer. Obwohl die Frau direkt vor ihm steht, ist keine Reflexion zu erkennen. Das Scheitern dieser Grundfunktion des Spiegels verweist auf die Inhalts- und Nutzlosigkeit der *hoffart*. Gleichzeitig ist die Leere des Spiegels Indiz für eine fehlende moralische Selbstreflexion der Frau über das eigene Verhalten.

---

155 Das geht auch aus dem Vergleich mit der Kölner Liedflugschrift *Warhafftige* || *Newe zeytung/ vnnd erschrœ=||ckenliche Geschicht/ die zu Andtorff* || *geschehen* [...] hervor. Köln: Weiß 1583, Staatsbibliothek zu Berlin, Ye 4641. Die Beschreibung des Handlungsverlaufs zwischen Anrufung des Teufels und Tötung der Frau nimmt hier fünf Zeilen und damit deutlich mehr Text und Erzählzeit als in der Flugblattbeschreibung in Anspruch.
156 Grabes, *Speculum*, S. 55.

Über die moralische Dimension hinaus akzentuiert der Text auch die soziale Problematik der Sünde, indem sie immer schon auf einer sozialen Interaktion beruht. Ihre Eitelkeit verleitet die Frau dazu, sich über die herrschende Kleiderordnung hinwegzusetzen: „Als nun die zeit kommen zur hochzeit zuerscheinen/ fieng sie sich nach gewonheit irer Hochfart auff das alles kôstlichest vnd zierlichest wider ihren staht/ vber den Adel zů bekleiden [...]." Die Frau legt sich über ihr äußeres Erscheinungsbild eine alternative Identität zu. Sie hat das Begehren, von anderen als sozial höher gestellt angesehen zu werden. In einer Kölner Liedflugschrift, die sich im ersten Lied ebenfalls mit den Ereignissen in Antwerpen auseinandersetzt, wird diese Abhängigkeit von anderen bei ihrer Handlungsentscheidung explizit herausgestellt: „auff das ich auch wie ander Leuth/ nach meinen standt môcht prangen [...]".[157] Im Spiegel erkennt sie nicht mehr sich selbst, sondern nur noch das, was andere in ihr sehen sollen. Die Leere des Spiegels weist darauf hin, dass die Frau sich weder in eigener Reflexion sieht, noch ihr Verhalten in einer Relationalität, nämlich als Simulation des Blicks der anderen auf sich wahrnimmt.[158] Stattdessen ist ihr eigener Blick starr und unbeweglich auf sich selbst gerichtet. Zusätzlich fixiert wird diese Orientierung auf das Selbst durch die gedoppelten Krösen, „die nur steiff/ satt/ gestrackt vnd vnbeweglich an jrem halß vnd henden stehn [musten]." In ihrer Eitelkeit ist die Frau unbeweglich geworden, sowohl physisch als auch psychisch. Für eine Person, die „von jugend auff hoffertig/ stolß vnd vbermůtig [...]" ist, scheint die innere Umkehr der eigenen Gesinnung in besonderem Maße erschwert zu sein. Sollte man sich im Spiegel betrachten, um sich äußerlich ohne Gedanken an die *vanitas* zu optimieren, sieht man genau das nicht, was eigentlich wesentlich wäre. Der bildimmanente Blick in den Spiegel täuscht und wirkt verdeckend.

Ausgerechnet der Teufel kommt nun hinzu, um der auf mehreren Ebenen mangelnden Selbstreflexion entgegenzuwirken. Sein aktives Zutun sorgt dafür, dass sich die (moralische) Blickrichtung der Frau umkehrt. Das Kopfdrehen, um sich im Spiegel besser betrachten zu können, wird pointiert, indem es vom Teufel in einem erzwungenen Bewegungsablauf gewaltsam fortgesetzt wird. Der Teufel „tråhet jren den halß vmb/ also daß das Angesicht auff dem Ruckē gestanden [...]". Die Brutalität der Handlung kommt graphisch über die unnatürliche Ausrichtung des Kopfes der Frau besonders drastisch zum Ausdruck. Zusätzlich überragt der Teufel die Frau dabei um einige Zentimeter, was seine physische Überlegenheit markiert. Er kann die Bewegungen der Frau offenbar mühelos kontrollieren. Genau in dem Augenblick, in dem die Frau in den Spiegel schaut, den sie noch in der Hand hält, tritt der Teufel in Erscheinung. Er ersetzt den sündhaften Blick in den Spiegel durch einen

---

157 Zum Quellennachweis vgl. Anm. 155.
158 Zur relationalen Konstituierung des frühneuzeitlichen Selbst vgl. Shuger, The „I", S. 37.

Blick, der das Erkennen der eigenen Sündhaftigkeit potentiell mit sich bringt. Hierfür jedoch ist es jetzt zu spät. Dass die Möglichkeit für eine solche Bestrafung nicht mehr in Betracht gezogen wird, wird von Gott „hertigklichen gestrafft".

Die Spezifik des Blattes liegt jedoch vor allem in der Beobachtungskonstellation, die durch das Kopfdrehen erzeugt wird. Die Selbstreflexion ergibt sich im Bild nicht physisch durch den Blick in den Spiegel, der hier ja explizit leer ist. Vielmehr erfolgt sie durch den vom Teufel forcierten Blick auf andere. Darauf weist auch der Vergleich mit einem weiteren Holzschnitt aus Marquarts *Der Ritter vom Turn*[159] (Abb. 13) hin. Auch hier zeigt das Bild eine Frau, die voller Eitelkeit vor einem Spiegel steht. In diesem zeigt sich die Reflexion des nackten Gesäßes des Teufels, das er ihr entgegenstreckt. Im Text wird beschrieben, dass es dieser Anblick des Teufels im Spiegel ist, welcher der Frau zunächst einen großen Schrecken einjagt und anschließend dazu führt, dass sie ihre Sünden einsieht. Eine solche Einsicht erfolgt im Ausgangsbeispiel (Abb. 12) gerade nicht. Denn abgesehen davon, dass die Kaufmannstochter ihr Verhalten in der Flugblattgraphik nicht mehr ändern kann, weil sie ja vom Teufel umgebracht wird, weist die graphische Darstellung im Flugblatt darauf hin, dass eine potentielle Selbstreflexion nicht durch den Anblick des Teufels erfolgt. Vielmehr erkennt die Frau ihr Fehlverhalten erst dann, wenn sie sieht, dass sie von anderen beobachtet wird. Erst in diesem Bewusstsein ist sie in der Lage, sich selbst und ihr eigenes Verhalten zu reflektieren. Selbst- und Fremdbeobachtung werden hier für die Einübung sittlichen Verhaltens eng miteinander verknüpft.

Durch die Anwesenheit anderer Personen wird die Prunksucht der Kaufmannstochter auf dem Flugblatt nicht als private, rein subjektiv verankerte Problematik thematisiert, sondern als Sünde, die in einem sozialen Zusammenhang steht. Der Blick anderer auf das Selbst wird daher als ebenso relevant wie die eigene Selbstbeobachtung dargestellt. Im Text wird diese Art der Fremdbeobachtung zunächst in Form der beiden Dienstmädchen dem Geschehen hinzugefügt: „als solches zwo dienstmägt so darbey gewesen gesehen/ erschracken sie sehr vnd schrawen mordt [...]". Neben der Kaufmannstochter muss also in dem von ihnen beobachteten Moment auch der Teufel als handelnder Akteur für sie sichtbar sein. Weniger eindeutig gestaltet sich der Sachverhalt hingegen in der bildlichen Darstellung. Hier nämlich bleibt unklar, ob der Teufel für das bildimmanente Publikum als externe Figur wahrnehmbar wird oder nicht. Seine spezifische Darstellungsform lässt durchaus Zweifel an seiner konkreten Sichtbarkeit aufkommen. Grundsätzlich nämlich werden Schattierungen im Bild rudimentär über entsprechende Schraffuren eingefügt. Sowohl die rechts als auch mittig dargestellten Gegenstände und Personen werfen einen Schatten nach links. Von dieser plastischen Darstellung unterscheidet

---

159 Vgl. Anm. 134.

Von eyner edlen frowen wie

die vor eym spiegel stůnd/sich mutzend/vnnd sy in dem spiegel den tüfel sach ir den hyndern zeigend/

In ander exempel will ich üch aber sagē/vff die meynūg võ eyner frowen/die den vierden teil des tags haben můst sich an ze thůnde vñ zů mutzen/ Dero hůß wz nun etwz wyt võ der kylchen/deßhalb ir der kylchherr vnd syne vndertanē zů manchen malen mit dē ampt warte můsten/deß sy zů mal grossen vnwillen vñ verdrieß hattē/Also begab sich eins sonnentags das sy gar lang vß bleib/vnd vil lüten in der kylchen warten machet/Die selben sprachen/sy mag sich dysen tag nit gnůg strelen noch spieglen/So redten dañ etlich heymlich ein vngesunds strelen vnd spieglen thůge ir got zů senden/vmb das sy vnnß so manch mal alhie warten machet/Also in der selben stund da sy sich also spieglet/ward sy den tüfel in dem spiegel sehen/so gar grůsamer gestalt/vnnd ir den hyndern zeigende/das sy so hart dar ab erschrack/Das sy schyer võ synnē komen were/vñ lange zyt mit schwerer kranckheit wart beladē/doch vlech ir got wyder gesūtheit vñ strafft sich selbst darumb gröslich/vñ stalt sölliche ir wese mit dem zieren ab/Vñ sagt mit demütigē hertzē got dē hern siner straffen lob vñ danck

Abbildung 13: *Von eyner edlen frowen* [...], Holzschnitt aus La Tour Landry/Marquart/Dürer: *Der Ritter vom Turn* [...], Basel 1493, S. 44.

sich der Teufel graduell dadurch, dass er ohne Schattenwurf und dadurch kaum dreidimensional inszeniert wird. Die Darstellung erweckt hierdurch den Eindruck, dass er selbst *als* oder zumindest *im* Schatten der Frau agiert. Hinter ihrem Rücken ist der Teufel für die Kaufmannstochter selbst zunächst unsichtbar. Er wird beziehungsweise macht sich erst sichtbar, wenn er der Frau den Hals umdreht.

Seine monströse Gestalt und Handlung kennzeichnen den Teufel zwar als konstitutiven Teil des Dargestellten, seine bildimmanente Wahrnehmbarkeit hingegen bleibt uneindeutig. Durch seine völlig schwarze Kolorierung unterscheidet sich der Teufel einerseits von den übrigen, überwiegend mehrfarbig dargestellten Personen, was auf eine ontologische Andersartigkeit bereits hindeuten könnte. In seinem Erscheinungsbild geht er dabei eine farbliche Symbiose mit der dunklen Oberbekleidung der Frau ein. Er scheint damit einerseits Teil von ihrem Körper zu sein, dem er entspringt und aus dem heraus er sich in voller Größe entfaltet. Andererseits steht er zumindest mit dem Krallenfuß, der sichtbar wird, fest auf dem Boden. Er kann somit weder gänzlich dem Wahrnehmbaren noch dem Imaginativen zugeordnet werden.[160] Unterstrichen wird diese Uneindeutigkeit des Diabolischen durch die dargestellte Reaktion der bildimmanenten Betrachtenden der Szene. Im Gegensatz zum Text sind die zwei Personen, die den Vorkommnissen zuschauen, im Bild nicht in einem Gestus des Erschreckens dargestellt. Denkbar wird dadurch sowohl, dass sie den Teufel hinter der Frau nicht erkennen, als auch, dass sie ihn zwar sehen, ihn aber nicht (mehr) als Gefahr wahrnehmen, was zurück zur Ursprungproblematik des Blattes führen würde.

Durch die changierende Darstellungsweise des Teufels greift das Blatt die Komplexität auf, die hinter dem Laster *hoffart* steht. Es ist sowohl aus sozialer als auch moralischer Sicht ein unsittliches Verhalten, das als aktive Handlung und schlechtes Gedankengut problematisch wird. Hierdurch wird auch plausibel, warum das Blatt nicht nur Aspekte der Unsichtbarkeit und des Sichtbarwerdens durch die Inszenierung hervorhebt. Über die Darstellung der Bestrafung an sich hinaus geht es auch um die sozialen Begleitumstände und Folgen des sündhaften Handelns der Frau.[161] Dem Flugblatt kommt es offenbar gerade darauf an, darzustellen, wie

---

160 Zum schattenhaften Grenzstatus des Teufels, der das Verhältnis von Vorstellungsbild und Wahrheit problematisiert vgl. Bauer/Zirker, Shakespeare, S. 47 f.
161 Dieser Befund ergibt sich auch aus den Umständen, die in der rechten Bildhälfte dargestellt werden. Die Eltern versuchen, die Todesumstände der Tochter zu verheimlichen. Der Vorfall jedoch bestätigt sich dadurch, dass die Sünde in Form der aus dem Sarg springenden Katze für alle Umstehenden sichtbar wird. Der Spiegel, den das Tier zwischen den Pfoten hält, macht auch die Art der Sünde öffentlich, die sich zudem über den Gestank und damit die olfaktorische Wahrnehmung bestätigt (zur Assoziation mit dem Teufel vgl. Delort, ‚Katze', Sp. 1078 ff.).

und von wem etwas, das durch Schrecken hervorgerufen wird, bemerkt wird. Die Betonung von Wahrnehmungsprozessen zwischen individueller Aufmerksamkeit und sozialem Kontext gehört offenbar zur medialen Strategie des Blattes. Auf höchster Beobachtungsstufe stehen dabei die Rezipierenden selbst. Besonders eindrucksvoll wird das in der bühnenartigen Umsetzung der Geschehnisse im Bild deutlich. Die beiden Hauptszenen werden durch eine breite Hausmauer voneinander getrennt, die durch einen hellen Streifen symbolisiert wird.[162] Die Mauer unterscheidet dabei nicht nur sozialen Raum und Öffentlichkeit voneinander. Ebenso fungiert sie als äußere Begrenzung der Handlung auf der linken Bildseite. Die an ihrer Innenwand verlaufenden Längslinien wiederholen sich graphisch im oberen linken Hintergrund. Über diesen Dreidimensionalität schaffenden Effekt entsteht der merkwürdige Eindruck, dass es sich bei der Aussparung im linken Mauerwerk nicht etwa um ein Fenster nach draußen, sondern um eines innerhalb des Hauses handelt. Über die Darstellung wird hierdurch eine Bühnensituation simuliert. Der Theatercharakter der Szene wird verstärkt, indem die erhöhte Position der beiden linken Figuren an einen Zuschauerraum erinnert, von dem aus sie das Geschehen optimal akustisch und optisch verfolgen können. Hinzu kommen Kleidertruhe und Nachttopf, die wie sorgfältig ausgewählte und drapierte Bühnenrequisiten anmuten. Zentraler Bühnengegenstand hingegen ist der Spiegel, mit dem die Frau interagiert. Das Umdrehen ihres Kopfes durch den Teufel sorgt dafür, dass das Publikum potentiell in den Blick der Frau gerät. Nun sieht sie, dass andere auf sie zeigen und sich über sie verständigen. Über die Wahrnehmung der Beobachtung durch andere stellt sich ein Bewusstsein für das eigene fehlgeleitete Handeln ein.

Der Blick der Flugblattbetrachtenden wird durch die zwei Figuren links im Bild gewissermaßen verdoppelt. Beobachtung wird beobachtbar. Das Flugblatt macht hierdurch ein individuelles und gesellschaftliches Fehlverhalten sichtbar, welches in einem Übertragungsprozess vom Publikum reflektiert wird. Im Bewusstsein der eigenen privilegierten Beobachtungsposition ist es der eigene Blick der Zuschauenden, der in den leergelassenen Spiegel projiziert werden kann. Lässt man sich auf diese Art vom Flugblatt affizieren, kann es Betrachtenden im Sinne eines *warhafftigen Spiegels* zur Selbstreflexion dienen, bei der es eben noch nicht zu spät zum Handeln ist. Dann ist das Flugblatt nicht nur der metaphorische Spiegel, der „den täuschenden Schein [entlarvt], indem er das verborgene (nämlich abscheuliche) Wesen zeigt"[163], sondern es sind die Rezipierenden selbst. Die aktive Beteiligung der

---

162 Zur darstellerischen Funktion architektonischer Elemente der Kulisse als Raumteiler vgl. Münkner, Verführung, S. 201; zum Einsatz illustrierter Flugblätter als papierne Theaterbühne vgl. ebd., S. 220, sowie ders., *Eingreifen*, S. 10.
163 Grabes, *Speculum*, S. 57.

Betrachtenden wird vom Flugblatt nicht nur im Sinne eines durchdenkenden Beobachtens, sondern auch eines kritischen Hineinversetzens eingefordert.

3.3 Von echten und metaphorischen Pulverfässern – das Innere des Menschen als unbeobachtbare Gefahr

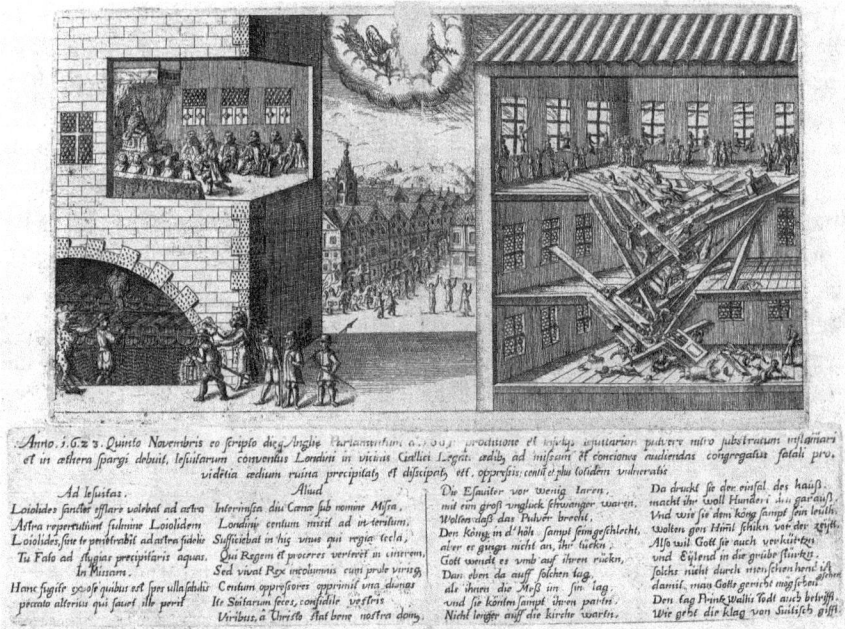

Abbildung 14: *Anno. 1.6.23. Quinto Novembris eo scripto dieque* [...], 1634/24, Flugblattexemplar der Herzog August Bibliothek Wolfenbüttel.

In den beiden vorangegangen Analyseabschnitten ging es um soziale Verhaltensweisen, die der Gemeinschaft unzuträglich sind und daher verteufelt werden. Bei den Rezipierenden soll ein Bewusstsein für die eigene Rolle im Kollektiv geschaffen werden, und sie werden dabei zur Wachsamkeit aufgerufen. Das Individuum ist dafür verantwortlich, das teuflische Böse, das im eigenen Inneren oder im Gegenüber wirken könnte, zu durchschauen. Die Schwierigkeit, die sich hierbei ergibt, wird durch die changierende Darstellung des Teufels bereits angedeutet: die Unbeobachtbarkeit menschlicher Innenräume. Die weitreichenden Implikationen eines solchen Wahrnehmungsproblems treten nun vor allem bei besonders schweren Vergehen wie Mord hervor. Solche Extremfälle sündhaften Verhaltens bringen die

Grenzen menschlicher Beobachtungsfähigkeit prägnant zum Vorschein. Die Gefahr potenziert sich nun um ein Vielfaches, da sich auch potentiell mörderische Absichten eines Menschen äußerlich nicht erkennen lassen. In den folgenden beiden Unterkapiteln sollen flugpublizistische Narrative im Fokus stehen, die die mangelnde Sichtbarkeit solcher bösen Intentionen pointiert als Beobachtungsproblem herausstellen. Dabei sollen vor allem die unterschiedlichen Funktionalisierungen des Teufels sowohl als Akteur, der am dargestellten Geschehen beteiligt ist, als auch als axiologische Hinweisfigur auf Rezeptionsebene analytisch nachgezeichnet werden.

Ein Verbrechen, an dem sich die Problematik unbeobachtbarer Intentionen anschaulich zeigen lässt, ist die sogenannte Pulververschwörung. Ziel der beispiellosen Verschwörung der katholischen Täter gegen den protestantischen englischen König Jakob I. und dessen Gefolgschaft war es, die politischen Verhältnisse der englischen Nation durch einen brutalen Gewaltakt zu zerstören, um die Botschaft gegen religiöse Unterdrückung öffentlichkeitswirksam zu verdeutlichen und schließlich einen gesellschaftlichen Umsturz herbeizuführen.[164] Doch erregte die Tat nicht nur deshalb ein so großes Aufsehen, weil es sich um einen Mordversuch handelte, durch den die gesamte Herrschaftsschicht getötet werden sollte und für den die Täter anschließend durch ihre Hinrichtung bestraft wurden. Das Verbrechen wurde vielmehr deshalb als skandalös wahrgenommen, weil die Verschwörung der Täter bis zur Umsetzung ihres tödlichen Plans für Außenstehende als Gefahr unsichtbar blieb: „Above all, the Gunpowder Plot failed. The English responded to the intentions of the conspirators rather than the outcome of their actions."[165] Obwohl es sich zunächst um einen Anschlag gegen sein eigenes Leben handelte, wurde das Verbrechen für den Herrscher auch deshalb zur besonderen Gefahr, weil es drohte, die bereits äußerst spannungsreiche konfessionspolitische Lage in seinem Land im übertragenen Sinne zum Explodieren zu bringen. Das Verbrechen verlieh der anti-katholischen Stimmung innerhalb der Bevölkerung einen massiven Aufschub. Das spiegelt sich etwa in dem um 1623/1624 gedruckten Flugblatt *Anno. 1.6.23. Quinto Novembris eo scripto dieque* [...][166] (Abb. 14) wider.

---

164 Zur gesellschafts-politischen Motivation hinter dem geplanten Attentat vgl. u. a. Appelbaum, Milton, S. 466 u. Herman, *Unspeakable*, S. 19.
165 Appelbaum, Milton, S. 468 f.; zur Vielfalt der fiktionalen und geistlichen Bearbeitungen als Reaktion auf das Verbrechen vgl. ebd. S. 461; zum lebhaften Echo in der Bildpublizistik vgl. Schilling, *Bildpublizistik*, S. 229.
166 *Anno. 1.6.23. Quinto Novembris eo scripto dieque* [...]. [1623/1624], Herzog August Bibliothek Wolfenbüttel: IH 110r; vgl. *DIF II*, Nr. 201 (kommentiert von Michael Schilling); vgl. auch Weller, *Annalen I*, S. 428, Nr. 1068.

Das Blatt thematisiert den Einsturz eines Londoner Hauses am 5. November 1623 und stellt dieses Ereignis in den Kontext des fast 20 Jahre zuvor gescheiterten Attentats auf den englischen König. Die Darstellung der Geschehnisse grenzt sich dabei von der üblichen populärmedialen Bearbeitung (politischer) Verbrechen in Flugschriften und auf illustrierten Flugblättern ab. Diese stellten normalerweise eine wirkungsvolle Möglichkeit für die Obrigkeit dar, ihre Autorität unter Beweis zu stellen.[167] So konnte etwa die Darstellung einer unmittelbaren weltlich-rechtlichen Reaktion auf politische und andere Kapitalverbrechen die Stabilität und Legitimität der herrschenden Ordnung sichtbar machen, was wiederum der Internalisierung von Normen dienlich war. Die harte Bestrafung jedweder Täter:innen und potentieller Mitverschwörer:innen wurde dann zur gerechtfertigten Schutzmaßnahme gegen Angriffe auf die Herrschaftsschicht, da diese drohten, neben einer politischen auch eine gesellschaftliche Destabilisierung mit sich zu bringen.[168] Im vorliegenden Fall jedoch tritt die Darstellung einer solchen Bestrafung deutlich in den Hintergrund. Vielmehr nimmt sich das Blatt der Sorge der (protestantischen) Bevölkerung an, wem nach einem solchen Verbrechen überhaupt noch zu trauen ist. Das konfessionell stark gefärbte Blatt scheint vordergründig auf die recht eindeutige Lösung zu kommen, dass die einzige Möglichkeit, um tödliche Verschwörungen zu verhindern und damit etwas, von dem man aufgrund seiner Unsichtbarkeit keine Kenntnis hat, darin besteht, den gesamten katholischen Bevölkerungsteil unter Generalverdacht zu stellen. Darüber hinaus jedoch wird im Blatt die Komplexität der Wahrnehmungsproblematik und deren Implikationen herausgestellt, indem das dahinterliegende mehrdimensionale Beobachtungsgefüge zwischen Gott, Mensch und Teufel veranschaulicht wird.

Die Flugblattgraphik besteht aus mehreren Einzelszenen, die sich zu zwei verschiedenen Grundgeschehen im Vordergrund zusammenfügen. Der vordere linke Bildausschnitt zeigt ein massives, aus Stein gefertigtes Gebäude. Die äußeren Grundmauern der oberen Etage wurden in der Darstellung ausgespart, wodurch die Versammlung zwischen König und Parlamentsmitgliedern optisch freigelegt wird. Vor dem mit Fässern gefüllten Gewölbekeller, der sich am unteren Rand des Gebäudes auftut, ist eine männliche Figur abgebildet, die eine rauchende Fackel in der Hand trägt. Hinter dem Mann steht eine Teufelsfigur, die ihn um ungefähr eine Kopfhöhe überragt und ihm mit einem Blasebalg ins Ohr bläst. Diesem Geschehen nähern sich von rechts vier Wächter, die von einer Engelsgestalt begleitet werden.

---

167 Zur herrschaftspolitischen Funktionalisierung flugpublizistischer Medien vgl. Schilling: *Bildpublizistik*, S. 229; Härter: Early Modern, S. 349; Griesse: Aufstandsprävention, S. 206; Härter/Graaf: Vom Majestätsverbrechen, S. 5f.
168 Zur Wahrnehmung politischer Kriminalität als kollektive Bedrohung vgl. Härter/Graaf: Vom Majestätsverbrechen, S. 4f., Härter: Revolten, S. 6f., sowie Krischer, Verräter, S. 156.

Letztere ist ebenfalls, und damit gewissermaßen im Ausgleich zur teuflischen Darstellung, größer als die männlichen Figuren. Im vorderen rechten Bildausschnitt ist ein zweites, dreistöckiges Haus im Längsschnitt dargestellt. Die Holzfußböden der oberen beiden Etagen sind mittig eingebrochen, wodurch zahlreiche Menschen in die Tiefe stürzen. Dem im Vordergrund dargestellten Geschehen ist eine zweite Engelsfigur oder Christusdarstellung übergeordnet, die am oberen Rand in einer Art Mittelgrund des Bildes in einer Wolkenkorona zwischen den beiden dargestellten Gebäuden schwebt. Im Hintergrund der Graphik wird eine städtische Szenerie sichtbar, in der zwischen dichten Häuserfronten ein Personenzug geführt wird.[169]

Der linke Bildraum ist geprägt von einem komplexen Gefüge verschiedener Blickkonstellationen. Diese ergeben sich zunächst zwischen den Akteuren innerhalb kleiner Einzelszenen, sind aber darüber hinaus auch stets im Zusammenhang mit dem Gesamtgeschehen zu betrachten. Zunächst soll die Szene im oberen Stockwerk des linken Gebäudes und damit die Zusammenkunft der Menschengruppe betrachtet werden, gegen die sich der Anschlag richtet. Die Versammlung der insgesamt 13 Personen im Parlament ist von einer strikten, offenbar hierarchischen Ordnung geprägt. Hierauf weist die jeweilige Kleider-, Sitz- und Blickkomposition der anwesenden Personen hin. Am linken Ende des Raumes sitzt der bekrönte und mit Königsmantel gekleidete Regent durch drei Stufen erhöht unter einem Baldachin auf seinem Thron. Seine Arme liegen eng am Körper an, die Hände ruhen zur Faust geballt auf seinen Knien; beide Füße stehen fest am Boden. Seine aufrechte Körperhaltung und Mimik strahlen einerseits Disziplin, Entschlossenheit und Stärke aus. Gleichzeitig jedoch wirkt sein Erscheinungsbild hierdurch statisch und unbeweglich. Der Blick des Regenten ist fest nach vorne gerichtet, scheint aber ins Leere zu gehen. Zumindest nimmt er keinerlei Notiz von dem ihm entgegeneilenden Untergebenen, der ihm ein Schriftstück entgegenstreckt.[170] Die Parlamentsmitglieder sitzen, ihrem dem Herrscher sozialhierarchisch untergeordneten Rang entsprechend, auf Bänken, die sich vom Thron begrenzten Kopfende her und durch einen Mittelgang getrennt über die restliche Länge des Raumes erstrecken. Die Blicke der anwesenden Personen richten sich nach oben in Richtung König, dem offenbar ihre ungeteilte Aufmerksamkeit gilt.

---

169 Zur möglichen Interpretation der Hintergrund-Darstellung als Leichenzug und damit zu ihrer möglichen Verbindung zum Gifttod des Prinzen von Wales vgl. den Kommentar von Michael Schilling in *DIF II*, S. 356.
170 Möglicherweise handelt es sich hierbei um den Brief an Lord Monteagle, der nur ihn als Warnung vor dem Angriff erreichen sollte, von diesem dann aber an den König weitergeleitet wurde.

Die Blickkonstellationen, die sich im Obergeschoss des linken Gebäudes abzeichnen, sind, isoliert betrachtet, im historischen Kontext zunächst erwartbar: In einer (politischen) Beratungssituation schauen die Anwesenden auf den Herrscher. Im graphischen Zusammenspiel mit der Szene, die am unteren Rand des Blattes, am Fuße des linken Gebäudes dargestellt ist, kommt jedoch möglicherweise noch eine weitere Bedeutungsebene hinzu. Die Positionierung des Täters vor dem Keller lässt eine soziale Differenzierung im Sinne einer top-down-Hierarchie vermuten. Der Täter versucht demnach, die bestehende soziale Ordnung vom unteren Rand des Gebäudes, das dann im übertragenen Sinne auch für den unteren Rand der Gesellschaft stehen kann, zu schädigen. Bemerkenswert ist nun, dass die Personen im ersten Stockwerk, der Herrscher und seine Gefolgschaft also, die potentielle Gefahr der Vorgänge, die sich vor dem Parlamentsgebäude ereignen, aus ihrer Position heraus nicht sehen können. Die Bedrohungslage bleibt von ihnen unerkannt, weil ihre Aufmerksamkeit auf die eigenen Angelegenheiten gerichtet ist. Da die herrschende Schicht die Geschehnisse auf unterer physischer und sozialer Ebene offenbar nur bedingt wahrnehmen kann, muss sie die Beobachtung parallel stattfindender, über den eigenen Aktionsradius hinausgehender Vorgänge auslagern. Die Sicherheit und Machterhaltung der Obrigkeit hängt damit von Personen ab, die bereit dazu sind, ihre kognitiven Fähigkeiten in den Dienst der Obrigkeit zu stellen.[171] Diese wiederum müssen sich auf derselben sozialen Ebene wie der Täter selbst befinden.[172] Naheliegend ist es dabei, sich auf solche Personen zu verlassen, die qua Amt zur Wachsamkeit verpflichtet sind.

Dieser Übertragungsprozess von Verantwortung scheint zunächst auch zu funktionieren, wird doch der Täter schließlich in flagranti von den heraneilenden Wächtern entdeckt.[173] Die Darstellung der Wächter verdeutlicht dabei die mehrdimensionale Beobachterrolle, die sie im Geschehen einnehmen. Die Bewaffnung der Wächter mit Schwertern und Hellebarden sowie die Lampe, die der vordere Aufpasser mit sich trägt, weisen sie als Nachtwächter aus, die bestimmte Funktionen innerhalb der Stadtgesellschaft innehaben. Zu ihrem zentralen Aufgabengebiet

---

171 Zur herrschaftspolitisch motivierten Integration und Abhängigkeit von einer solchen horizontalen Wachsamkeit vgl. Brendecke, Attention, S. 26.
172 Zur entscheidenden Rolle sekundärer Beobachter auf sozialer Ebene vgl. Brendecke, Attention, S. 26.
173 Bemerkenswert ist, dass in mehreren schriftlichen Überlieferungen des Ereignisses davon berichtet wird, dass der König nach Erhalt des warnenden Briefes sein Wachpersonal wiederholt dazu anhalten muss, den Keller auf mögliche Gefahren hin zu überprüfen. Erst bei einer zweiten, gründlicheren Durchsuchung werden die Pulverfässer schließlich entdeckt. Es ist damit eigentlich das Misstrauen und die Beharrlichkeit – mithin die Wachsamkeit des Herrschers –, nicht die Voraussicht der Wächter, die ihn schützen.

gehörte es, Stadtbewohner:innen vor Gefahren wie Feuer, Feinden und Verbrechern zu warnen. Ihre Pflicht war es, zur Sicherung der Stadtbewohner:innen wachsam zu sein.[174] Die Verhinderung und Aufdeckung von Gefahren innerhalb der Bevölkerung diente darüber hinaus auch der physischen sowie politischen Unversehrtheit der Obrigkeit. Im oben-unten-Geflecht nehmen die Wächter eine Verbindungsposition ein. Sie verlagern die vertikale Beobachtungslinie, die in der top-down Richtung gerade nicht funktioniert, auf die horizontale Ebene. Sie fungieren dadurch als Dreh- und Angelpunkt institutioneller und sozialer Beobachtung.

Demnach sind es die Wächter, die die Gefahr als solche durch ihre Beobachtungen für andere erkennen sollen. Der Mann vor dem Keller, also der Täter, macht sich dabei durch äußere, beobachtbare Anzeichen in mehrfacher Hinsicht verdächtig. Zunächst lassen sich seine unlauteren Absichten daran ablesen, dass er im Schutz der Abgeschiedenheit und Dunkelheit des Kellers fernab der Blicke anderer agiert. Würde er durch sein Handeln etwas Gutes im Sinn haben, könnte dies auch in aller Öffentlichkeit geschehen. Das Verhalten des Täters könnte also bereits eine gewisse Skepsis auslösen. Zudem ist es die Fackel, die das Wachpersonal nicht nur misstrauisch machen, sondern aufgrund ihrer Rolle, die Gesellschaft vor akuten Gefahren zu warnen, in einen alarmierten Zustand versetzen muss. Da Brände eine ständig drohende, existentielle Gefahr in Städten der Frühen Neuzeit darstellten, bedeutete die brennende Fackel nicht nur eine akute Bedrohung für die Sicherheit des Gebäudes und der sich darin befindlichen Personen, sondern darüber hinaus für die gesamte Stadtbevölkerung.[175] Sowohl der olfaktorische als auch der visuelle Reiz des Rauches markieren die Situation als gefährlich. Durch die Fackel wandelt sich der Anfangsverdacht eines Verbrechens in einen akuten Tatbestand um, der sich durch die weitere Indizienlage erhärten muss. In seiner rechten Hand nämlich hält der Täter eine Lunte, die er offenbar im Begriff ist, anzuzünden. Sie führt zu einem großen Lager an Pulverfässern, die in der größten architektonischen Schwachstelle des ansonsten äußerst stabil konstruierten, für Eindringlinge nur schwer erklimmbaren Gebäudes sorgfältig platziert wurden. Die akute Bedrohungslage wird durch äußerlich ablesbare Zeichen erkennbar, wodurch die eigentliche Tat, die Explosion des Hauses, vereitelt werden kann. Die Gefahr wird aufgedeckt, indem die Wächter ihre Beobachtungen richtig einordnen und darauf angemessen reagieren. Diese zunächst erfolgreich erscheinende horizontale Blickkonstellation ist für den Herrscher jedoch durchaus risikobehaftet, da sie lediglich rückwirkend, also mit einer zeitlichen Verzögerung erfolgt und einer gewissen

---

174 Zur Rolle von Nachtwächtern in Städten und dem Problem mangelnder Wachsamkeit vgl. Casanova, *Nachtleben*, S. 61 f.
175 Zur Brandverhütung als kollektives Sicherheitsanliegen vgl. Casanova, *Nachtleben*, S. 60.

Kontingenz unterworfen ist. Lediglich Indizien bzw. symptomatische Hinweise können hier vermuten lassen, dass eine Bedrohung besteht. Wird letztere erkannt, es in den meisten Fällen für eine Intervention bereits zu spät. Die eigentliche Gefahr für den Herrscher besteht also in der Wahrnehmungsproblematik der Wächter, die initiale, innere Boshaftigkeit eines Täters zu erkennen, noch bevor diese sich ihren Weg als potentiell tödliche Gefahr nach außen bahnt.

Zur Verdeutlichung dieser Problemlage wird die Sichtbarkeit des Teufels bildimmanent im Unklaren gelassen. Der Teufel tritt von hinten an den Täter heran. Zwar ist er offenbar darum bemüht, bei seiner List möglichst unbemerkt vorzugehen. Hierauf weist neben dem Blasebalg als Instrument heimlicher Infiltration auch sein gepunktetes Äußeres hin, durch das er sich in das gleichgemusterte Mauerwerk tarnend einfügt. Dennoch könnte seine mannshohe Gestaltung dafür sprechen, dass er für die Wächter potentiell sichtbar ist. Andererseits lässt der hinweisende Fingerzeig des Engels darauf schließen, dass der Teufel für die menschlichen Akteure innerhalb der Szene nicht notwendigerweise als handelnde Figur erkennbar wird. Die unsichere Wahrnehmung des Teufels generiert bildimmanent eine Spannung zwischen äußerlich Sichtbarem und innerlich Verborgenem. Die in Form des Engels notwendig gewordene göttliche Intervention auf Erden kennzeichnet die Grenzen menschlicher Sinneswahrnehmung. Das gilt insbesondere für die Beobachtung einer inneren Boshaftigkeit, wie dies beim Täter offenbar der Fall ist.

Aufgrund der begrenzten Beobachtungsfähigkeit seines weltlichen Personals ist der Herrscher bei der Abwehr teuflischer Gefahren vor allem auf einen übergeordneten, göttlichen Wächter angewiesen. Markiert wird dies sowohl durch den die Wächter begleitenden als auch den perspektivisch über den weltlichen Dingen schwebenden Engel in der Wolkenkorona. Gerade durch letzteren wird markiert, dass Gott der übergeordnete Beobachter ist, der alles für alle sieht.[176] Nur er hat den Überblick über das gesamte irdische Geschehen. Durch die Darstellung wird außerdem unterstrichen, dass Gott als überwachende Instanz eine Doppelrolle zwischen fürsorglichem Schutz und kontrollierender Strafe besetzt. Gekennzeichnet wird dies einerseits durch die schützenden Gesten des Engels auf Erden sowie des übergeordneten Engels in der Wolkenkorona, der einen Ölzweig über das Geschehen auf der linken Bildhälfte hält. Zum anderen wirft letzterer einen Blitz auf die rechte Seite. Gott ist damit höchster Beobachter und strafender Richter zugleich. Nur er besitzt die göttliche Voraussicht, die ihn Sachverhalte richten lassen.

Die Unmittelbarkeit göttlicher Gerichtsbarkeit wird auch durch den Einsturz des rechten Hauses vermittelt. Die Inszenierung suggeriert, dass es sich bei dem Ereignis um eine direkte Reaktion auf das links dargestellte Verbrechen handelt.

---

[176] Vgl. Anm. 41.

Unterstrichen wird dies durch die ersten beiden Verse des ersten Epigramms *Ad Iesuitas:* „Loiolides sanctos efflare volebat ad astra/ Astra repercutiunt fulmine Loiolidem" (V. 2–3). Indem der Text die Opfer des Anschlags als *sanctos* ausweist, ist die Bestrafung der Jesuiten nicht nur aus weltlicher Sicht gerechtfertigt. Die Tat wird darüber hinaus auch zum moralischen Kapitalverbrechen, das eine göttliche Strafe verlangt, um die religiöse Ordnung wiederherzustellen. Der Einsturz des Hauses und der Tod vieler Menschen wird als Rache auf den Anschlagsplan der Jesuiten dargestellt. Nur Gott – und nicht etwa der menschliche Attentäter – ist dazu imstande, über Leben und Tod zu entscheiden. Diese textuell generierte Kausalität der beiden historisch immerhin 28 Jahre auseinanderliegenden Ereignisse, die auch bildlich erzeugt wird, hebt zudem die Überzeitlichkeit göttlicher Gerichtsbarkeit hervor.

Bemerkenswert ist, dass sich die bildliche Darstellung des vorliegenden Flugblattes durch den graphischen Einbezug des Teufels nicht allein auf die göttliche Beobachtung, also die transzendente Beobachtungsebene beschränkt. Das geht vor allem aus dem Vergleich mit anderen Bearbeitungen der Thematik hervor, wie etwa dem Amsterdamer *Flugblatt DEO trin-vni Britanniae bis ultori* [...][177] (Abb. 15) aus dem Jahr 1621. Unter anderem durch den Rückblick auf die Pulververschwörung soll auf diesem Blatt vor der politischen Verbindung zwischen England und Spanien gewarnt werden, die sich durch die geplante Hochzeit zwischen dem englischen Thronfolger und einer spanischen Prinzessin abzeichnete.[178] Ähnlich wie im vorherigen Beispiel nähert sich am rechten Bildrand der Verschwörer Guy Fawkes dem mit Pulverfässern gefüllten Keller des Londoner Parlamentsgebäudes. Dass das Attentat immer schon zum Scheitern verurteilt war, wird auch in diesem Beispiel der göttlichen Providenz zugeschrieben: Noch bevor der Täter den Keller erreicht, ist der göttliche Blick bereits auf die Fässer gerichtet. Diese göttliche Vorsehung wird im Bild mit Hilfe eines hellen

---

[177] *DEO trin-vni Britanniae bis ultori* [...]. Amsterdam 1621, Flugblattexemplar der Herzog August Bibliothek Wolfenbüttel: IH 265; vgl. *DIF II*, Nr. 193 (kommentiert von Michael Schilling); das Blatt, hier mit einem Kupferstich von Samuel Ward versehen, hatte eine breite Wirkung und ist in zahlreichen Varianten, etwa ohne den niederländischen Text, ohne die Darstellung der Pulververschwörung oder nur mit der Szene der im Halbkreis formierten Armada überliefert; zur detaillierten Aufschlüsselung der jeweiligen Fassungen vgl. den Kommentar von Michael Schilling in *DIF III*, S. 342; zu einem Blatt, das der vorliegenden Darstellung sehr ähnelt, auf dem neben dem Täter aber gerade eine Teufelsfigur zu erkennen ist vgl. Paas, *Broadsheet*, P-3674 – indem der Teufel in der Darstellung des Ausgangsbeispiels offenbar bewusst als Bilddetail weggelassen wird, kommt noch einmal deutlich zum Ausdruck, dass es hier um die transzendente Macht geht, die im Vordergrund stehen soll.

[178] Zu den historischen Zusammenhängen, auch der Niederlage der als unüberwindlich geltenden spanischen Armada, die hier neben der Pulververschwörung im Rückblick dargestellt ist (graphisch auf der linken Bildseite) vgl. den Kommentar von Michael Schilling in *DIF II*, S. 342.

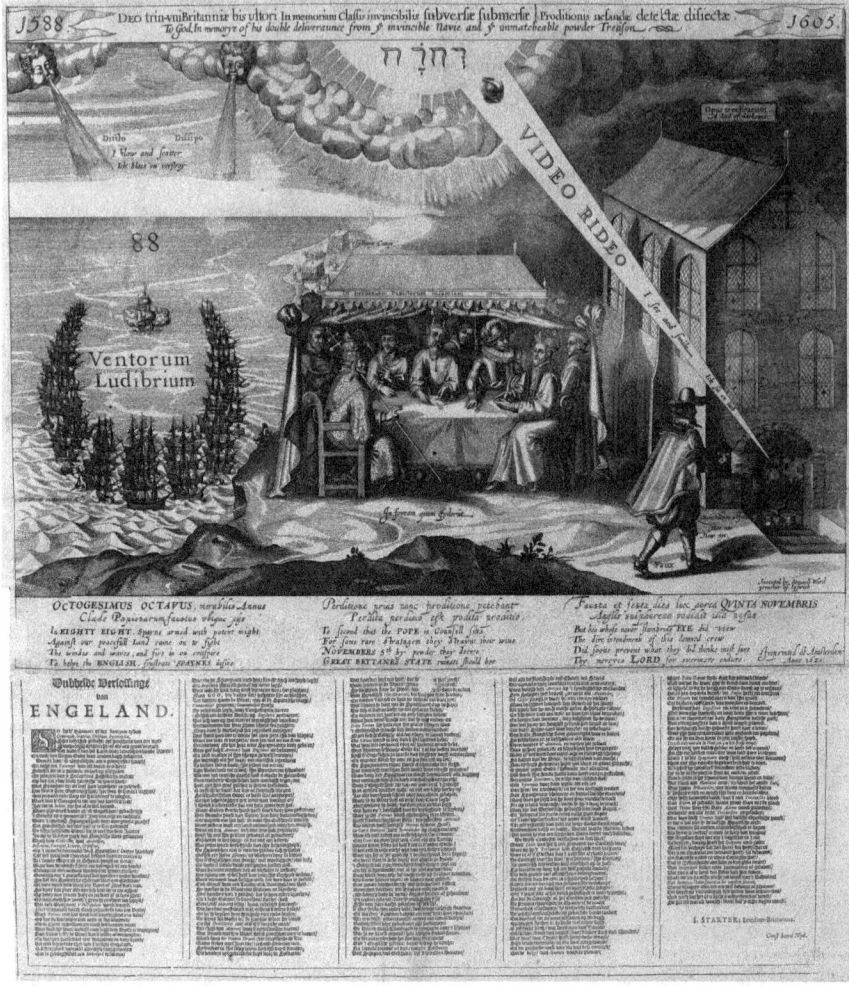

Abbildung 15: *DEO trin-vni Britanniae bis ultori* [...], 1621, Flugblattexemplar der Herzog August Bibliothek Wolfenbüttel.

Lichtstrahls verdeutlicht, der von der durch die Wolken am Himmel brechenden, mit dem Jahwe-Tetragramm versehenen Sonne sowie dem göttlichen Auge selbst ausgeht. Der höchste, göttliche Beobachter sieht den menschlichen Verrat immer schon kommen. Die Inschrift *VIDEO RIDEO* unterstreicht dabei beides, die transzendente Überlegenheit ebenso wie die menschliche Überheblichkeit, davon auszugehen, dass dem göttlichen Blick etwas entgehen könnte.

Im Unterschied zum Ausgangsbeispiel wird dem Täter im Amsterdamer Blatt keine Teufelsfigur zugeordnet. Dabei erhält der Teufel auch hier wiederholt Einzug in die Graphik, wie etwa in ganz konkreter Erscheinung als zentrale Figur in der Mitte des Verhandlungstisches oder in Form der beiden Teufelsfratzen an den äußeren Rändern des Zeltes. Nach diesem Befund drängt sich die Frage nach der Funktion der Teufelsfigur im Ausgangsbeispiel geradezu auf. Da die Sichtbarkeit des Teufels für die menschlichen Akteure im Bild dort im Unklaren bleibt, soll offenbar zum einen die Grenze menschlicher Beobachtungsfähigkeit im Vergleich zur allsehenden göttlichen Beobachtung hervorgehoben werden. So wird deutlich, dass die göttlich induzierte Beobachtung die unsichere Wahrnehmung teuflischer Gefahren sowohl auf Herrscher- als auch auf Wächter- und damit gesellschaftlicher Ebene löst. Die Darstellung einer solchen allumfassenden göttlichen Beobachtung und Voraussicht vermittelt in Bezug auf die Erkennung und Bestrafung teuflischer Verbrechen ein Gefühl von Sicherheit.

Zum anderen erhält die immanente Dimension durch diese spezifische Inszenierung des Teufels eine besondere Betonung. Zwar sieht Gott alles, doch bedarf es nicht zuletzt, *weil* der Mensch im Gegensatz zu Gott kein providentielles Wissen besitzt, auch immanenter Strategien des Beobachtens, um Aufmerksamkeit in der Praxis wirksam werden zu lassen, die vor akuten Anfechtungen des diabolischen Feindes schützt. Im Ausgangsbeispiel geht es also auch darum, Wachsamkeit über den Rezeptionsprozess an die Rezipierenden zu übertragen. Dieser Übertragungsprozess tritt vor allem durch die axiologische Gegenüberstellung der weltlichen und transzendenten Akteure im Vordergrund der Graphik hervor. Die Anordnung der Figuren mutet geradezu duellhaft an. Ganz gegensätzlich zum diabolischen Verführer verhält sich der Engel auf der rechten Seite. Dieser steht dem Wächter beschützend zur Seite, indem er ihm seine Hand als Geste des Vertrauens auf die Schulter legt. Ein weiterer Gegensatz ergibt sich aus der Schattierung der Graphik. So kennzeichnet die hellleuchtende Laterne des Wächters, dass er sich durch die pflichtbewusste Ausübung seiner Arbeit nicht nur auf dem sozial, sondern auch moralisch richtigen, nämlich Gott zugewandten Weg befindet. Dieser steht im Kontrast zum verderblichen Weg des vom Teufel verführten Sünders vor dem dunklen Keller. Das externalisiert Gute in Form der strahlenden, für göttliche Wahrheit und Erleuchtung stehenden Lampe steht dem Rauch der Fackel als das externalisierte Böse entgegen. Für die Betrachtenden des Bildes ist die Teufelsfigur zudem dank ihrer typischen ikonographischen Zuschreibungsmerkmale wie Schnabel, Schwanz und Krallenfüße sowie Blasebalg eindeutig sicht- und identifizierbar. Durch diese dualistische Anordnung werden die dargestellten Figuren auf Rezeptionsebene klar in Gut und Böse unterteilt. Die Wahrnehmungsproblematik, die innerhalb des Bildes aufgerufen wird, entsteht auf Rezeptionsebene auf diese

Weise gerade nicht. Die Teufelsfigur markiert die Unmoral des Täters. Sein inneres Böses, das von außen nicht sichtbar ist, wird für Rezipierende nun beobachtbar.

Diese spezifische Funktion der Teufelsfigur, unbeobachtbare Vorgänge im Inneren des Menschen visuell wahrnehmbar zu machen, zeigt sich auch im Vergleich mit der Titelgraphik einer Flugschrift von 1606 (Abb. 16), die ebenfalls von den Ereignissen der Pulververschwörung sowie dem Ergreifen und der Hinrichtung der Täter berichtet.[179] Auf dem Kupferstich werden insgesamt acht männliche Personen erkennbar, die sich durch die Inschriften als Hauptverantwortliche der Pulververschwörung identifizieren lassen. Abgesehen von der mit *Bates* benannten Figur, die sich durch ihre Kleidung sowie den spärlicheren Bartwuchs von den anderen Personen darstellerisch abhebt,[180] fällt die optische Ähnlichkeit der übrigen Figuren auf. Bei vergleichbarer Statur tragen die Männer alle einen Hut und einander angeglichene Bartfrisuren.[181] Der Titel der Flugschrift nimmt wie folgt Stellung zur Graphik: „Alles mit schönen Kupfferstück gezieret vnd dem Leser für Augen gestellet [...]". Der Kupferstich dient den eigenen Angaben der Verfasser zufolge also ausdrücklich dazu, den Rezipierenden die Verschwörung graphisch vor Augen zu führen. Doch wird der Kern des Problems, nämlich die bösartige Gesinnung der Täter, in dieser bildlichen Umsetzung gerade nicht sichtbar. Denn zwar stehen die Personen eng beieinander und ihre Gestik weist auf angeregte Gespräche hin. Eine Täuschung kann hierbei jedoch lediglich vermutet werden, da eindeutige Hinweise hierauf fehlen. Dass die Männer tatsächlich einen tödlichen Plan ersinnen, ist ihnen anhand ihres äußerlich unauffälligen Erscheinungsbildes zunächst nicht anzusehen.

Im Vergleich dazu ist die teuflische Zuschreibung auf der anfänglich betrachteten Flugblattgraphik (Abb. 14) offenbar eine spezifisch bildliche Entscheidung. Die latente Gefahr, die von den Jesuiten ausgeht, wird hierdurch graphisch aufgedeckt. Die Teufelsfigur dient somit auch der Orientierung von Wachsamkeit, indem sie die Antwort auf die Frage liefert, auf wen oder was sich die eigene Aufmerksamkeit richten soll. Zur Erzeugung eines eindeutigen Feindbildes wird die Darstellung des Teufels zusätzlich konfessionell angespitzt. Hierzu wird dem Teufel ein vierkanti-

---

179 Bry, *Warhafftige unnd eygentliche Beschreibung* [...]. Frankfurt am Main: Becker 1606; zu einem illustrierten Flugblatt mit gleichem Kupferstich vgl. Paas, *Broadsheet*, P-77, sowie zu einem Flugblattexemplar mit einem sehr ähnlichen Kupferstich von Heinrich Ulrich (*Concilvm Septem Nobilivum Anglorvm Conivrantivm*. Nürnberg 1606) aus der Sammlung des kulturhistorischen Museums Magdeburg vgl. Schilling, *Illustrierte Flugblätter*, S. 22 f. sowie Paas, *Broadsheet*, P-75.
180 Es handelt sich hierbei um den Diener von Robert Catesby, der aufgrund der Nähe zu den Konspiranten als Mitverschwörer galt und ebenfalls hingerichtet wurde; vgl. dazu Schilling, *Illustrierte Flugblätter*, S. 22.
181 Zur den auffälligen optischen Gemeinsamkeiten der dargestellten Figuren vgl. Schilling, *Illustrierte Flugblätter*, S. 22.

Abbildung 16: *Warhafftige unnd eygentliche Beschreibung* [...], 1606, Flugschriftexemplar der SLUB Dresden.

ges, jesuitisches Birett und damit eine eigentlich klerikale Kopfbedeckung zugeschrieben, wodurch das Jesuitentum mit dem absoluten, nämlich dem teuflischen Bösen gleichgesetzt wird.[182] Die Darstellung der Teufelsfigur auf der unteren linken Bildseite korreliert dabei mit der Figur des gestürzten Priesters im unteren rechten Bildteil. Beide fungieren als eine Art bildliche Eingrenzung und werden hierdurch eindeutig parallelisiert. Der Täter selbst wird dabei durch seine Positionierung nicht nur in die physische Nähe dieser Boshaftigkeit gerückt, sondern durch den Blasebalg direkt mit ihr in Verbindung gebracht. Durch die Darstellung wird suggeriert, dass die vom Täter ausgehende Gefahr in seiner konfessionellen Zugehörigkeit begründet liegt. In Analogie zum Anfachen der Pulverfässer kommt der Teufel hinzu, um das im Inneren des Menschen bereits angelegte Böse zu entzünden. Der Teufel wird zur eindeutigen bildlichen Hinweisfigur dafür, dass zumindest vom Täter vor dem Parlamentsgebäude eine Gefahr ausgeht.

Im Text wird dann verdeutlicht, dass sich die göttliche Strafe für ein solches Verbrechen nicht gegen den einzelnen katholischen Täter, sondern den Jesuitenorden richtet. In Analogie zum weltlichen Recht, bei dem bereits die konspirative Absicht, einen Hochverrat zu begehen, als Strafbestand gilt[183], machen sich alle Mitglieder des katholischen Bevölkerungsteils bereits als religiös Gleichgesinnte der Tat mitschuldig. Im lateinischen Textteil heißt es dazu: „peccato alterius qui favet ille perit" (V. 8). Der göttliche Zorn richtet sich gegen die konfessionell Abtrünnigen im Allgemeinen, deren Verderben als Gewissheit dargestellt wird. Bei der göttlichen Bestrafung handelt es sich nicht nur um die Sanktionierung eines weltlichen Kapitalverbrechens. Es ist ebenso die Reaktion auf ein moralisches Vergehen, um die religiöse Ordnung wiederherzustellen. Ohnehin erscheint der Katholizismus im Gegensatz zum gottgegebenen protestantischen Glauben, der von einem stabilen Steingebäude gestützt wird – „a Christo stat bene nostra domus" (V. 17) – durch den Einsturz des rechten Hauses als vulnerabel und in sich instabil.[184] Diese verallgemeinernde Darstellungsweise wiederum definiert die Subjektposition der einzel-

---

182 Zu einer solchen typischen Dämonisierung von Jesuiten vgl. Niemetz, Antijesuitische Bildpublizistik, S. 186f.
183 Zum Tatbestand der Verschwörung vgl. Härter, Early Modern, S. 349, sowie Krischer, Verräter, S. 106f.
184 Wie Michael Schilling in seinem Kommentar darlegt, weist die Darstellung der Ereignisse auf der rechten Bildseite einige sachliche Differenzen zur objektiveren Berichterstattung im *Theatrum Europaeum* auf (*Theatrum Europaeum* [...]. Frankfurt am Main: Merian 1662, Universitätsbibliothek Augsburg, 02/IV.13.2.26–1). Diese lassen sich mit Verweis auf „die heterogenen Intentionen der Autoren" erklären, wobei der Flugblattautor offensichtlich der protestantischen Öffentlichkeit gerecht werden wollte, indem er den Einsturz des Hauses als Strafgericht Gottes inszeniert (*DIF II*, S. 356).

nen Rezipierenden: Ihre Aufmerksamkeit muss sich ebenso allgemein auf alle Katholiken richten, von denen eine Gefahr ausgeht.

Die uneindeutige Positionierung des Teufels auf der Grenze zwischen Immanenz und Transzendenz wird in der graphischen Umsetzung nutzbar gemacht, um beide Beobachtungsrichtungen, die göttliche top-down und die sozial horizontale Beobachtung, miteinander zu verschalten. Was entsteht, ist eine Dynamik zwischen Bild und Blick der Betrachtenden. Eine internalisierte Wachsamkeit wird mithin zur spezifisch protestantischen Pflicht. Jedes einzelne protestantische Bevölkerungsmitglied ist jetzt dazu angehalten, katholischen Mitbürger:innen nicht nur mit der nötigen Skepsis zu begegnen, sondern hinter und in ihnen das teuflische Böse zu vermuten. Die Verantwortung zur Fremdbeobachtung, wie sie im Bild noch von den Wächtern praktiziert wird, überträgt sich auf die einzelnen Rezipierenden. Mit Blick auf die Konfessionszugehörigkeit gilt es außerdem, eine alerte Grundhaltung gegenüber sich selbst zu entwickeln. Denn zwar sieht und straft Gott moralisches Fehlverhalten, doch liegt es in der Verantwortung der einzelnen Gläubigen, wachsam zu hinterfragen, ob die eigene inneren Überzeugung dem gottzugewandten, protestantischen Glaubensweg folgt.

Dieser rezeptionsästhetische Übertragungsprozess ist als rein bildlicher Effekt anzusehen, der sich auf die graphische Nutzbarmachung des Teufels zurückführen lässt. Dies geht auch aus dem Vergleich mit dem Flugblatttext hervor, in dem der Teufel keine explizite Erwähnung findet. So heißt es im deutschen Textteil lediglich:

> Die Esauiter vor wenig Iaren,
> mit eim groß vngluck schwanger waren.
> Wolten daß das Pulver brecht,
> Den köng [sic] in d'höh sampt seim geschlecht,
> aber es gingn nicht an, ihr tückn,
> Gott wendt es vmb auf ihren rückn,
> Dass eben da auff solchen tag,
> als ihnen die Meß im sin lag
> vnd sie könten sampt ihren partn,
> Nicht lenger auff die kirche wartn.
> Da druckt sie der einfal des hauß.
> macht ihr woll Hundert den garauß.
> Vnd wie sie dem köng [sic] sampt sein leuth,
> wolten gen Himl schikn vor der zeyt,
> Also will Gott sie auch verkürtzn
> vnd Eÿlend in die grube stürtzn.
> (V. 18–33)

Die Schwangerschaftsmetapher im zweiten Vers unterstreicht die latente Gefahr, die von den Katholiken ausgeht. Obwohl (noch) nicht notwendigerweise sichtbar, ist ihre innere, moralische Boshaftigkeit dennoch vorhanden. Im Text ist es allein Gott, der den Verrat erkennt und die katholische Bevölkerung als Ganzes bestraft. Was der Bildteil des Flugblattes über die Inszenierung der Teufelsfigur explizit schafft, ist, dass konkret Beobachtetes auf das eigene Handeln übertragen wird. Gerade im Zusammenspiel von menschlicher und göttlicher Beobachtung wird deutlich, dass man sich auf letztere zwar immer verlassen kann, darüber hinaus aber auch selbst tätig werden muss, um sich durch wachsames Beobachten vor dem Feind zu schützen.

Der strikten top-down Beobachtung, wie sie im Text und auch im Flugblatt *DEO trinvni Britanniae bis ultori* [...] geschildert wird, fügt unser Flugblatt *Anno. 1.6.23. Quinto Novembris eo scripto dieque* [...] durch die bewusste Einbeziehung der Beobachtungsposition der Rezipierenden eine horizontale Beobachtungslinie hinzu. Selbst- und Fremdbeobachtung auf gesellschaftlicher Ebene werden für das dargestellte soziale Gesamtgefüge konstitutiv. Rezipierende werden als einzelne Mitglieder in die Verantwortung genommen, durch individuelle Wachsamkeit die Sicherheit der gesamten sozialen Gemeinschaft über die persönliche Sphäre des Herrschers hinaus zu gewährleisten. Eine solche Lesart geht auch aus dem Vergleich mit den Ausführungen einer 1606 erschienenen Flugschrift *Relation Oder Kurtz und eygentliche Erzehlung* [...][185] hervor. Diese beinhaltet unter anderem die königlichen Edikte, mit denen die Obrigkeit auf die Ereignisse der Pulververschwörung reagiert hat.[186]

Ganz im Gegensatz zur ausgewiesenen anti-katholischen Polemik des Flugblattes versucht die Flugschrift die nach dem Anschlag omnipräsente Problematik der Bikonfessionalität gerade zu entschärfen. Die narrative Strategie steht im Einklang mit den realen Bemühungen Jakobs I., der eine Kluft zwischen den Konfessionen als Folge des vereitelten Anschlags gerade zu vermeiden suchte.[187] Vor allem der an die Be-

---

185 *Relation Oder Kurtz und eygentliche Erzehlung* [...]. Köln 1606, Staatsbibliothek zu Berlin, Flugschr. 1606/8.
186 Die Flugschrift ist in sechs Segmente eingeteilt: Einer kurzen historischen Kontextualisierung der Regentschaft Jakobs I. folgt die Beschreibung des Anschlagplans auf den König und seine Gefolgschaft während der Parlamentseröffnung. Der zweite Abschnitt gibt den (angeblichen) Wortlaut des Briefes wieder, der Lord Monteagle als Warnung vor dem Angriff erreichen sollte, bevor im dritten Abschnitt das Aufdecken der Tat sowie die Überführung und Befragung des Täters beschrieben wird. Der vierte Teil der Flugschrift beinhaltet das auf den vereitelten Anschlag folgende, zu Fahndungszwecken veröffentliche königliche Edikt an die Beamten. Abschnitt fünf gibt eine Kopie des parallel dazu erscheinenden, an die Bevölkerung gerichteten Edikts wieder. Das sechste Segment schließlich besteht aus der Auflistung der Namen der bekannten Verschwörer.
187 König Jakob I. erlässt als Reaktion auf den vereitelten Anschlag keine brutalen anti-katholischen Maßnahmen. Vielmehr antizipieren er und sein Rat die Gefahren eines offen ausgetragenen Konfessionskonflikts, weshalb die politische, soziale und religiöse Brisanz der Konfessionsunterschiede in dem Schreiben an die Bevölkerung marginalisiert wird (vgl. dazu u. a. Okines, Why, S. 277).

völkerung gerichtete königliche Erlass, der mit knapp 70 Zeilen gleichzeitig längste Teilabschnitt der Flugschrift, ist daher darum bemüht, den Anschlagsmotiven eine dezidiert weltliche Dimension zu verleihen. Die Funktion des Schreibens liegt offenbar darin, der öffentlichen Wahrnehmung und Stigmatisierung der katholischen Bevölkerung als ultimative Feinde der protestantischen Nation aktiv entgegenzuwirken und der Herrschaftspolitik damit Unterstützung zu leisten.[188] Eine offene Konfliktaustragung wird als potentielle Ordnungsgefährdung wahrgenommen, die es zu unterdrücken gilt. Der Transzendenzbezug, wie er im Flugblatt noch deutlich gegeben ist, lässt sich in der Flugschrift nicht explizit nachweisen.

Eine solche Verlagerung von religiöser hin zu einer sozialen Argumentationsstruktur soll der Erzeugung eines sozialen Einheitsgefühls zuträglich sein. Dies wiederum hat Auswirkungen auf die Beobachterrolle einzelner Mitglieder der Gesellschaft bei der Erfassung der Täter. Ein notwendiges aktives Mitwirken durch individuelle Wachsamkeit soll hierdurch sowohl verdeutlicht als auch eingefordert werden. Zunächst wird daher versucht, den Anschlag nicht als Tat einzelner religiöser Fanatiker einzuordnen, sondern als Gefahr, die eine gesamtgesellschaftliche Bedrohung darstellt:

> Zu wissen seye/ was massen sich offenbart daß Thomas Percy neben anderen seinen Adherenten/ durch Aberglauben vnnd verblendung desselbigen eingenommen/ auch sonst eines bösen Lebens/ zu Auffruhr geneigt/ vnd meistentheils eines verzweiffelten Standts vnnd Wesens/ sich verbunden vnnd entschlossen haben eine **so grewliche verrähterey als jemals erdacht/ oder in eines Menschen Herz vnd gemůth kommen/** gegen **unsere** Person/ Kinder/ Ritterschafft vnd Landstånden zum Parlament versamblet/ ins werck zurichten. Vnd ob wol diese Conspiration mit einem vnzeitigen Eyfer ihres Aberglaubens bemantelt werden wollen/ so ist doch dieselbe fürnemlich dahin angesehen/ das Regiment und Stand dieses Königreichs vmbzukehren/ vnd in ein grewlich Confusion und vnordnung zusetzen: damit sie vnd andere Banckerotierer vnd Verdorbene Leut gelegenheit hetten andere reichern vermögens zu berauben/ vnd also ihren Armseligen Stand zuverbesseren.[189]

Der Text setzt gezielt emotive und aufwühlende Formulierungen sowie beschämende moralische und soziale Zuschreibungen ein, um Sympathien für die Konspiranten und ihre Taten möglichst auszulöschen und zu delegitimieren.[190] Dass die Täter etwa

---

188 Zur spezifisch englischen Verteufelung der Katholiken seit den 1570er Jahren vgl. Kirscher, Verräter, S. 156; zur Funktion publizistischer Propaganda, um die Herrschaftspolitik zu fördern, vgl. Okines: Why, S. 277.
189 Hervorhebungen hinzugefügt.
190 Zur Obliteration der Verschwörer und ihrer Taten, der *damnatio memoriae*, vgl. Härter, Revolten, S. 7; Griesse: Aufstandsprävention, S. 182; dazu, ob dieser Effekt in der Realität wirklich erfolgreich eintrat oder er ein reines Wunschdenken der herrschenden Autoritäten blieb, vgl. u. a. Härter, Early Modern, S. 350.

billigend in Kauf nahmen, dass auch unschuldige Kinder bei dem Anschlag ums Leben kommen, lässt sie besonders grausam erscheinen. Auch das religiöse Motiv hinter dem Anschlag wird bewusst als Täuschung der Täter dargestellt, die hierdurch angeblich versuchten zu verdecken, dass sie eigentlich aus niederen, nämlich habgierigen Beweggründen handelten. Das Possessivpronomen *unser* markiert dabei eine bewusste moralische Abgrenzung zu den Verbrechern. Um den Konflikt weg von einer konfessionellen hin zu einer sozialen Dimension zu verlagern, bemüht sich das Blatt um die Erzeugung einer flachen Sozialhierarchie. Diese erlaubt es, ein eindeutiges Feindbild der Täter unabhängig von ihrer Konfessionszugehörigkeit zu zeichnen. Sie werden daher nicht allein als Verräter und Verschwörer gegen die Obrigkeit dargestellt. Das politische Verbrechen ist auch eine allgemeine, Angst erzeugende, kollektive Bedrohung für die Bevölkerung als Ganzes. Ein Umsturz des Staates würde zur Destabilisierung der Gesellschaft führen. Auch diese würde durch einen Anschlag auf den König zum Opfer politischer Kriminalität werden. Ein Angriff auf den Herrscher kommt damit einem Angriff auf das Volk gleich.

Über die *grewliche verråhterey*, die offenbar noch nie *in eines Menschen Herz vnd gemůth* gekommen ist, wird bereits auf die eigentliche Problematik hinter der Tat hingewiesen. So ist es eben möglich, dass sich böses Gedankengut unbemerkt im Inneren eines Menschen seinen Weg bahnt und für andere nicht sichtbar ist. Um dies zu verdeutlichen, wird das Augenmerk Rezipierender im Verlauf des Edikts zunächst weg von einzelnen Akteuren, hin zum Kollektiv gelenkt:

> Wiewol wir nun durch gute erfahrung erzeigter Trew versichert seyn/ daß viel unserer Unterthanen/ so sich zu unserer Religion nicht bekennen/ dennoch diese erschreckliche **Conspiration** hassen/ vnd daran einen grewel haben/ nicht weniger alß wir selbst/ vnd also **fertig/ willig vnnd bereit seyn**/ auch mit vergiessung ihres Bluts/ zu vntertrucken vnd zu vertilgen alle die gedencken jchtwas gegen vns oder den friedlichen Stand vnser Regierung fůrzunemen/ vnd deren fůrhabende Verråhterey an tag zu bringen [...].[191]

Die Gefahr, die beschworen wird, bezieht sich jetzt weniger auf ein bestimmtes, personengebundenes Feindbild. Vielmehr geht es um das Verbrechen der *Conspiration*, und damit weniger um die Täter selbst, gegen die sich die Abneigung der Bevölkerung richten soll. Erneut versucht der Text dabei, potentielle Ressentiments gegen den katholischen Teil der Bevölkerung auszuräumen und sich bewusst gegen diese zu stellen. Es ist kein religiöses Problem, sondern ein inneres, nach außen hin nicht unbedingt erkennbares Gesinnungsproblem, dessen Aufdeckung und Lösung der konfessionsübergreifenden Mithilfe der Bevölkerung bedarf. Die Bereitschaft, böses Gedankengut durch eine alerte Grundhaltung – eingefordert durch die Worte

---

[191] Hervorhebungen hinzugefügt.

fertig, willig und *bereit* – aufzudecken, wird mithin zur kollektiven Aufgabe der gesamten sozialen Gemeinschaft.

Obwohl bekannt ist, dass weniger der Mordversuch als vielmehr die dahinterstehende Verschwörung die eigentliche Bedrohung für die gesellschaftliche Ordnung darstellt, drängt sich die Frage auf, wie die dagegen eingeforderte Wachsamkeit in der Praxis umsetzbar wird. Offenbar im Bewusstsein dessen wird erklärt:

> Dennoch haben wir für gut angesehen/ durch diese unsere öffentliche Erklerung allen vnsern Unterthanen/ wer die auch seyn kund vnd zu wissun thun obangeregtes Percys vnd seines Anhangs schrecklich fürnemen/ also damit einen vnterscheid zu machen zwischen andern/ so vnschuldig vnd dieser abschwelichen Verråterey nicht beypflichtig/ **vnd erkleren derohalben alle vnten benandte Personen/ neben dem Percy/ für Verråhter/Auffrührer vnd Zerstörer des gemeinen Friedens/ dafür auch alle die jenige sollen gehalten werden/ die sie einigerley weise hausen/ herbergen/ unterschleiffen/ ihnen anhangen vnd fürschub thun/ vnd sie nicht ihres eussersten vermögens helffen angreiffen vnd in hafftung bringen.**[192]

Das bedrohliche Potential der Verschwörung besteht darin, dass die Übertragung und Weiterverbreitung von Gedankengut unsichtbar und daher von außen nicht kontrollierbar ist. Im Umkehrschluss bedeutet dies, dass die Gefahr äußerlich sichtbar werden muss, um sie als solche identifizierbar zu machen und ihr Einhalt gebieten zu können. Die namentliche Auflistung der Hauptverschwörer – „Dieses seind die Namen der Conspiranten/ so allbereit entdeckt vnd offenbaret seind" – dient der öffentlichen sozialen Ächtung der Täter selbst. Sie soll darüber hinaus aber auch als Warnung an den Rest der Bevölkerung gelten, den Anweisungen des Edikts Folge zu leisten, um nicht selbst Teil dieser öffentlichen Namensnennung zu werden. Zum Erfassen der Täter soll die Aufmerksamkeit der Bevölkerung dann auf konkrete Verhaltensweisen gerichtet werden, die indizieren, dass sich ein Mitmensch der konspirativen Absichten der bereits bekannten Täter mitschuldig macht, indem er ihnen etwa einen Unterschlupf oder finanzielle Unterstützung bietet. Über die Benennung spezifischer Handlungen soll die Gefahr also sichtbar werden, noch bevor sich ihre potentiell tödliche Kraft entfaltet.

Schließlich unterstreicht der Text noch einmal, dass sich die Gefahrenlage auf alle Mitglieder der Gesellschaft bezieht. Um ihr zu begegnen, bedarf es dann auch einer horizontalen, gegenseitigen Beobachtung innerhalb der Bevölkerung. Diese wird vom Text explizit eingefordert:

---

[192] Hervorhebungen hinzugefügt.

> **Befehlen derewegen allen** vnsern Stadthaltern/ Majoren/ Richtern/ ober vnd vnter Schultheissen/ Beampten/ Dienern vnd Unterthanen/ **sich nach solchen Verråhtern müglichsten fleiß umzusehen/** vnnd **zuerkůndigen/** wie sie solchs auff ihr eusserste gefahr gedencken zu verantworten: Zweifeln auch nicht/ **ein jedweder** werde **ungeacht der einer oder andern Religion/** einmůtiglich **sich gebrauchen lassen/** die Anstiffter vnd Rådlingsführer zu vntertrucken/ anzugreiffen/ vnd **zu entdecken/** wie in gleichem **alle andere Personen/ die einiges Sinnes suspect/ verdåchtig/** vnd dieser Verråhterey/ so Gott vnd die Menschen hassen/ vnd zu verwůstung vnnd verderben dieses kônigreichs vnd seines Wolstands wůrde gereicht haben/ theillhafftig sind.[193]

Der Text stellt die aktive Rolle der Bevölkerung beim Erfassen der Täter und damit der Bewahrung öffentlicher Sicherheit heraus. Bürger:innen werden stände- und konfessionsübergreifend dazu aufgerufen, Personen, die in die Tat involviert waren, zu enttarnen. Der Text nimmt eine Unterscheidung zwischen Personen vor, die sich an der Aufdeckung der Tat und potentieller Mitverschwörer beteiligen, und denjenigen, die *einiges Sinnes suspect* sind. Welche harten Kriterien jedoch letztlich dazu führen, dass ein Mitmensch von anderen als verdächtig wahrgenommen wird oder nicht, bleibt unklar. In der Flugschrift wird eine gegenseitige Beobachtung primär als soziale Pflicht verhandelt. Ein solches Narrativ kann im Vergleich zu den religiösen Konnotationen, wie sie etwa durch den Einsatz des Teufels im Flugblatt aufgerufen werden, konfessionellen Spannungen entgegenwirken. Gleichzeitig birgt die Entscheidung, die klare Identifizierung eines Feindbildes zu vermeiden, das Risiko, dass letztlich immer alle als *verdächtig* gelten müssen. Hierdurch würde das eigens etablierte Beobachtungssystem scheitern.

---

[193] Hervorhebungen hinzugefügt.

3.4 Steigerungsformen – der diabolische Feind in den eigenen Reihen

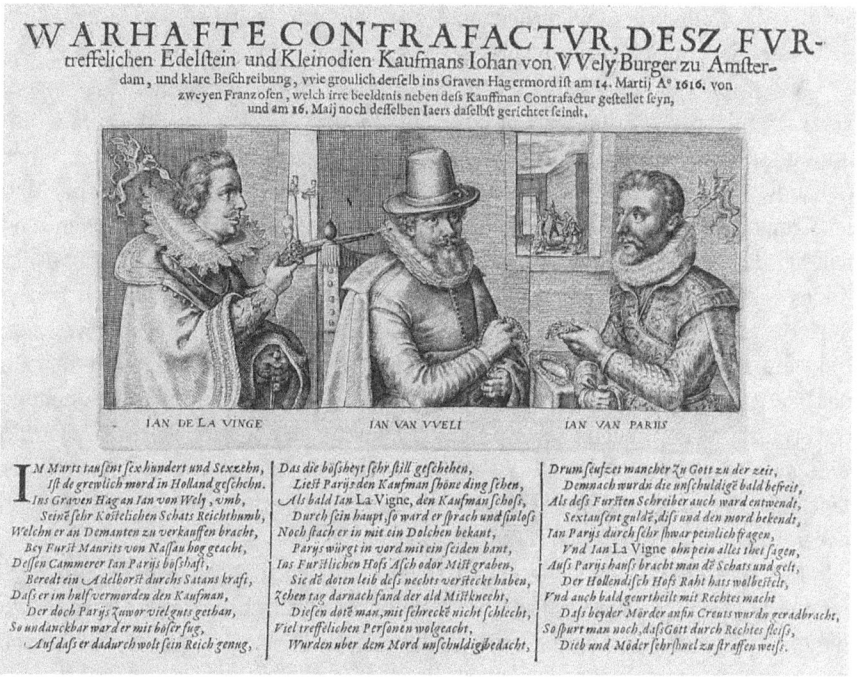

Abbildung 17: *WARHAFTE CONTRAFACTVR* [...], 1606, Flugblattexemplar der Herzog August Bibliothek Wolfenbüttel.

Das vorangegangene Beispiel hat gezeigt, dass der Herrscher neben der göttlichen Beobachtung vor allem auf die horizontale Beobachtung der Bevölkerung angewiesen ist, um sich vor möglichen Angriffen gegen die bestehende politische Ordnung zu schützen. Zum Schutz der Institution bedarf es der Wachsamkeit derer, die auf der darunter liegenden horizontalen Ebene agieren und damit auf derselben sozialen Stufe stehen, wie der Täter selbst. Die Gefahr tritt in diesem Fall von außen an das eigene politische Lager heran, wodurch sie zumindest abgrenzbar wird. Die Problemlage verschärft sich jedoch gravierend, wenn sich der Feind in den eigenen Reihen befindet, also aus der Mitte des eigenen sozialen Gefüges heraus agiert. Denn eine Abgrenzung zwischen äußerem Bösen und innerem Guten ist dann nicht mehr gegeben. Die Gefahr kann sich nun potentiell hinter jedem Mitglied der eigenen sozialen Gruppe verbergen. So geschieht es etwa beim Mord am Amsterdamer Juwelier Jan van Wely, der am Hof des Fürsten Moritz von Nassau von zwei Vertrauten des

Herrschers getötet wurde. Von diesen Ereignissen des 14. März 1616 berichtet das vermutlich im selben Jahr erschienene Flugblatt WARHAFTE CONTRAFACTVR [...][194] (Abb. 17). Auch in diesem Fall geht es nicht um die Darstellung der brutalen Tat an sich. Vielmehr werden die intermedialen Möglichkeiten des illustrierten Flugblattes dafür genutzt, die dahinterliegende Problematik zu fokussieren, nämlich die, dass die boshafte Intention eines Menschen von außen gerade nicht erkennbar ist.

Die Graphik des Blattes setzt sich aus drei verschiedenen Szenen zusammen. Zentral ist dabei die Szene im Vordergrund, die den Großteil des Bildraumes einnimmt. Sie zeigt die Begegnung dreier männlicher Figuren im Innenraum eines Gebäudes. Am Hinterkopf der beiden äußeren Figuren schwebt jeweils eine Teufelsfigur, die ihnen mit einem Blasebalg ins Ohr bläst. Darüber hinaus werden zwei deutlich kleinere Szenen durch Aussparungen in der Wand im Hintergrund des Bildes erkennbar: rechts das Begräbnis einer in ein Tuch eingewickelten Leiche durch zwei Personen, die dabei von einer weiteren Teufelsfigur begleitet werden; links auf zwei Rädern ausgestellte Körper. Die Namenszuschreibungen unterhalb des bildlich Dargestellten weisen darauf hin, dass hier in einer Simultandarstellung die Ermordung des Juweliers *IAN VAN WELI* durch den Kämmerer *IAN VAN PARIIS* und den Edelknaben *IAN DE LA VINGE*, das anschließende Verscharren des Leichnams im Innenhof des Stadtpalastes durch die beiden Täter und schließlich deren Hinrichtung graphisch inszeniert werden.[195]

Die Figuren in den Hintergrundszenen sind lediglich angedeutet. Die drei Männerportraits im Vordergrund zeichnen sich stilistisch hingegen durch einen hohen Detailgrad aus. So sind etwa die Physiognomien der Figuren realitätsnah dargestellt. Die technische Umsetzung des Bildes als Kupferstich erlaubt hierbei eine besonders akkurate Darstellung.[196] Indem sie sich in ihren Gesichtszügen und ihrer Mimik lediglich marginal voneinander unterscheiden, besteht optisch eine große Ähnlichkeit zwischen den drei Personen. Auch die Einzelheiten ihrer Klei-

---

194 *Warhafte Contrafactur, Desz Furtreffelichen* [...]. Erscheinungsort nicht ermittelbar, [1616]. Herzog August Bibliothek Wolfenbüttel: 32.5 Aug. 2°, fol. 1140; vgl. *DIF IX*, Nr. 226 (kommentiert von Ewa Pietrzak); zu anderen Fassungen des Blattes aus den Beständen des Herzog Anton Ulrich Museums Braunschweig sowie aus dem ehemaligen Antiquariat Drugulin vgl. den Kommentar von Ewa Pietrzak in *DIF IX*, S. 426. In ihrem Kommentar weist Ewa Pietrzak auf die umfangreiche Bearbeitung des Ereignisses hin, das auch in den Nachbarländern Aufsehen erregte. Eine gewisse Kenntnis über die Tat konnte beim Publikum also vermutlich vorausgesetzt werden.
195 An dieser Stelle sei auch auf die Faltlinie hingewiesen, die als vertikale Linie durch den hinteren Fensterausschnitt bis zum unteren Rand des Bildes verläuft; zur konstituierenden Funktion solcher Faltmechanismen für das Zeichenarsenal von Flugblättern vgl. Münkner, *Eingreifen*, S. 11.
196 Im Gegensatz hierzu treten bei Holzschnitten vor allem bei Detaildarstellungen oftmals perspektivische und figürliche Verzerrungen auf; zum Wandel der graphischen Technik auf illustrierten Flugblättern vom 16. ins 17. Jahrhundert vgl. Schilling, Bildgebende Verfahren, S. 63 f.

dung werden detailreich abgebildet. So lassen sich etwa die einzelnen Falten ihrer Halskrausen und Spitzenkrägen sowie die Stickereien und Knöpfe ihrer Gewänder dezidiert erkennen. Die drei Personen scheinen dabei auf unterschiedliche Weise in das Geschehen involviert zu sein. Die mittlere und rechte Figur stehen einander zugewandt und zeigen sich gegenseitig Schmuck, den sie jeweils in ihren Händen halten. Sie befinden sich offenbar in einer Kommunikationssituation. Der linke Mann nähert sich der zentralen Figur von hinten. Von dieser Position aus richtet der Täter einen Revolver auf den Kopf des mittleren Mannes, der ihm wiederum den Rücken zuwendet. Innerhalb der Bildkomposition befindet sich die linke Figur in spiegelbildlicher Position zur rechten, scheint jedoch nicht in denselben Kommunikationszusammenhang zu gehören. Der gleichartige Kleidungsstil der drei männlichen Personen jedoch könnte, neben der Tatsache, dass sie sich gemeinsam in einem Innenraum aufhalten, ein graphischer Hinweis darauf sein, dass es sich um eine Situation der sozialen Nähe handelt.[197]

Dieser Eindruck verfestigt sich durch die Beschreibung der Ereignisse im Text. Insgesamt in drei Spalten unterteilt, nehmen die Verse 1–20 Bezug auf die bildliche Inszenierung, indem sie zunächst die Umstände des Verbrechens, dessen Planung und Durchführung sowie die anschließende Beseitigung der Leiche beschreiben. Im Vergleich zur bildlichen Umsetzung, in welcher der Fürst selbst nicht in Erscheinung tritt, fällt auf, dass sowohl die Beziehung der Täter als auch des Opfers zum Herrscher explizit herausgestellt wird:

Im Marts tausent sex hundert und Sexzehn,
Ist de grewlich mord in Holland geschehn.
Ins Graven Hag an Ian von Wely, vmb,
Seinē sehr Kostelichen Schats Reichthumb,
Welchn er an Demanten zu verkauffen bracht,
Bey Furst Maurits von Nassau hog geacht,
Dessen Cammerer Ian Parÿs bösshaft,
Beredt ein Adelborst durchs Satans kraft,
Dass er im hulf vermorden den Kaufman,
Der doch Parÿs Zuwor viel guts gethan,
So undanckbar ward er mit böser fug,
Auf dass er dadurch wolt sein Reich genug [...].
(V. 1–12)

---

197 Diese Vermutung bezieht sich nicht auf die Standeszugehörigkeit der drei Figuren, welche die beiden Vertreter des Hofadels und den bürgerlichen Kaufmann durchaus voneinander unterscheidet (zum frühneuzeitlichen Stand des Hofadels vgl. überblicksartig Gersmann, ‚Hofadel', Sp. 591, sowie zum Bürgertum Fahrmeir, ‚Bürgertum', Sp. 583); hierauf weist auch der vom Juwelier getragene Hut hin. Dennoch scheinen sich die portraitierten Männer im kulturellen Lebensalltag einen Aktionsradius zu teilen (zum bürgerlichen Lebenskreis vgl. Roeck, *Lebenswelt*, S. 14).

Als Kammerdiener und Vertrauter des Herrschers steht Parijs in enger Beziehung zum Herrscher. Und auch das Mordopfer genießt offenbar dessen Hochachtung. Als Schmuckhändler verkehrt Jan van Wely regelmäßig am Hof des Fürsten. Über den geteilten sozialen Aktionsradius wird das Vertrauensverhältnis markiert, das zwischen den einzelnen Akteuren besteht. Parijs wird als geistiger Initiator des Verbrechens beschrieben und als derjenige, der die Umsetzung der Tat federführend plant. Das Tatmotiv der Habgier deutet die Perfidie und Verwerflichkeit seines Handelns an. Weniger der Mord an sich als vielmehr die mehrfach gekennzeichnete Unmoral der Täter steht im Vordergrund der textuellen Darstellung. Unterstrichen wird dies durch die Zuschreibung des Teufels, wodurch Opfer und Täter klar in moralische Dimension von Gut und Böse unterteilt werden.[198]

Im Vergleich zum niederländischen Original[199] zeigt sich, dass die Implementierung der Teufelsfigur eine spezifische Umsetzung des deutschen Flugblatttextes ist. Sie wirkt zunächst irritierend, da der Text die charakterliche Verkommenheit des Täters durch negative Zuschreibungen bereits ohne das Teufels-Motiv manifest werden lässt. Denkbar wäre, dass das Einfügen der diabolischen Erzählfigur der moralischen Entlastung des Adligen dienen könnte. Sein Handeln wäre dann auf das teuflische Böse zurückzuführen. Auch die Unerhörtheit des Verbrechens würde dadurch erklärbar. Nicht der Mensch alleine würde in diesem Fall eine derart verabscheuungswürdige Untat verursachen, sondern der Teufel käme als Anstifter hinzu.

Parijs nutzt die Situation der sozialen Nähe bewusst aus, um seinen mörderischen Plan in die Tat umzusetzen. Vor allem über die Erläuterung der sozialen Begleitumstände entwickelt der Text eine Semantik der Täuschung, die in der Beschreibung der Tat selbst fortgeführt wird:

> Das die bössheyt sehr still geschehen,
> Liest Parÿs den Kaufman shöne ding sehen,
> Als bald Ian La Vigne, den Kaufman schoss,
> Durch sein haupt, so ward er sprach und sinloss
> Noch stach er in mit ein Dolchen bekant,
> Parÿs würgt in vord mit ein seiden bant.
> (V. 13–18)

---

198 Das Blatt übt hierdurch implizit auch Kritik an der Scheinheiligkeit am Hof: Das engste Personal des Herrschers verstellt sich, um das Vertrauen des Herrschers erst zu erlangen und anschließend für die eigenen Zwecke auszunutzen. Der Teufel steht dann auch für ebendiese ‚Ohrenschmeichlerei'.
199 *Moord op Jan van Wely* [...]. Noordelijke 1616. Die Graphik, die identisch mit der des deutschen Exemplars ist, wird hier um einen niederländischen Text erweitert.

Um möglichst wenig Aufsehen zu erregen, greift Parijs auf ein Ablenkungsmanöver zurück. Sein Plan funktioniert, weil der Juwelier darauf vertraut, dass es sich um eine gewohnte Verkaufssituation handelt. Die anschließende Beschreibung des Tötungsdeliktes selbst nimmt lediglich vier Verse in Anspruch. Zwar tritt die Brutalität der Tat auch in der Kürze der Ausführungen deutlich hervor – der qualvolle Tod des Juweliers tritt erst ein, nachdem auf ihn geschossen, eingestochen wurde, und er zu guter Letzt erwürgt wird. Dennoch wird auf phantasievolle Ausschmückungen oder explizite Detailbeschreibungen verzichtet. Die weit verbreitete Funktion von Flugblättern, mit der brutalen Darstellung schwerer Verbrechen der Sensationslust des Publikums gerecht zu werden und gleichzeitig einen Moment der Abschreckung zu erzeugen, lässt sich für das vorliegende Exemplar nicht nachweisen.[200] Das Blatt scheint vielmehr dem Skandal nachzugehen, „dass an einem so gut geschützten und belebten Ort die Durchführung einer solchen Tat [...] überhaupt möglich war."[201]

Aufschluss hierüber könnten die Schilderungen der Ereignisse aus Sicht des Täters selbst geben, die in verschriftlichter Form als *eygen Bekandnuß* in der 1620 erschienenen Chronik des niederländischen Historikers Emanuel van Meteren vorliegen.[202] Aus den Aussagen von Parijs geht hervor, dass die Kombination aus eigenem Geschick und vorausschauenden Handeln des Kammerdieners einerseits sowie die fehlgelenkte Aufmerksamkeit anderer Mitglieder des fürstlichen Gefolges andererseits die Gründe dafür waren, dass es dem Verbrecher gelingen konnte, seinen Plan unbemerkt in die Tat umzusetzen. Parijs geht sowohl bei der Planung und unmittelbaren Vorbereitung als auch bei der Durchführung und anschließenden Vertuschung der Tat mit größter Sorgfalt vor. Im Text kommt deutlich zum Ausdruck, wie akribisch er darauf achtet, dass das Verbrechen in seinen verschiedenen Phasen unbemerkt bleibt:

> [...] vnd wenn sie gedachten von Wely auff die Kammer bringen möchten/ ihn daselbs mit einem Pistol durch den Kopff zu schiessen/ damit er kein Geschrey machen möchte: Da dann er Gefangener/ **wann ihre Excell. noch zu Hoff were**/ also bald nach dem Schuß zu der Ruestkammer ihrer Excellentz lauffen vnd sagen solte/ er habe ein Pistol auß der Rüstkammer loß geschossen/ **Wo ferrn aber ihre Excell. nicht zu Hoff were**/ daß als dann die Sach nicht viel auff sich haben würde [...]/ er hette aber die hölzerne Laden/ oder Fenster an seiner Kammer zugeschlossen/ **auff daß er desto weniger möchte gesehen werden** [...].[203]

---

200 Zur sensationellen wie auch abschreckenden Funktion von Einblattdrucken, die sich mit solchen schweren Verbrechen befassen vgl. Schilling, *Bildpublizistik*, S. 228.
201 Pietrzak, *DIF IX*, S.426.
202 Meteren: *Meteranus Novus* [...]. Amsterdam: Jansson 1640. Bayerische Staatsbibliothek München, 2 Belg.
203 Hervorhebungen hinzugefügt.

Parijs handelt bei der Planung mit Voraussicht. Er wägt die potentiellen Folgen seiner Handlungen sorgfältig ab und entwirft für jedes mögliche Szenarium, das vor, während oder nach der Tat eintreten könnte, eine Ausstiegsstrategie. So bedenkt er sowohl den Fall, dass sich der Fürst während des Mordes am Hof aufhält, als auch denjenigen, dass er sich zu diesem Zeitpunkt außer Haus befindet. Parijs ist sich offenbar bewusst, dass es bestimmte Faktoren innerhalb seines Plans gibt, die kontingent sind und die das Vorhaben dadurch gefährden könnten. Um diesen Risikofaktor so gering wie möglich zu halten, versucht er, alle potentiellen Verläufe und Begleitumstände zu antizipieren. Gleichzeitig handelt er bei den direkten Vorkehrungen, und damit den Bestandteilen, auf die er selbst einen direkten Einfluss hat, mit großer Sorgfalt.

Da der Herrscher den Hof an diesem Tag nicht mehr verlässt, tritt der Fall ein, den Parijs als problematischen einschätzt, auf den er sich deshalb aber umso gründlicher vorbereitet hat:

> Vnd als er gesehen/ daß Ihr Excell. in Ihrem Gemach were/ **vnd nicht mehr als zwo kleine Wachten vorhanden waren/ so mit Karte gespielet/** hab er dem Johan von Wely geruffen/ hinein zu kommen/ da er dann die Thůr an der Stiegen geöffnet daß er hett können/ hinauff gehen/ welchem er also bald/ **ehe es die obgedachte Wachten vermercken können/** gefolget [...]/ Als er aber zu gemeltem Lavigne kommen/ **hab er die Pistol geladen mit wenig Pulffer/ vmb desto weniger Geräusch zu machen/** [...] er aber sey also bald nach dem Schuß auß dem Gemach gangen/ dasselbig zugeschlossen/ vnd sich zu der Růstkammer verfüget/ zu sehen ob irgend jemand daselbst vorhanden/ der den Schuß möchte gehört haben: Welchem er wolt geantwort haben/ er hette ein Pistol auff der Růstkammer abgeschossen: **Weil er aber niemand vermercket/** were er wider zu seinem Gemach gangen [...].[204]

Als Kämmerling hat Parijs Einblicke in die Abläufe des Hofes, die er dadurch bewusst in sein Kalkül miteinbeziehen kann. Das gilt etwa für die etablierten Wächterroutinen am Hof. Sowohl Wachintervalle als auch Orte, an denen Wachposten etwa zum Schutz des Herrschers platziert werden, sind ihm gut bekannt. Hierdurch gelingt es dem Täter, sein Opfer unbemerkt an den Ort des Verbrechens zu lotsen.

Doch ist es nicht nur das eigene wachsame Verhalten von Parijs, das hier für den gewünschten Erfolg sorgt, sondern auch die Nachlässigkeit des wenig aufmerksamen Wachpersonals. Dessen Augenmerk richtet sich nicht darauf, das Gemach des Fürsten zu sichern, sondern auf das Kartenspiel. Diese Aufmerksamkeitsfehllenkung steht exemplarisch für alle Personen, die zum Zeitpunkt des Mordes am Hof anwesend sind, denn der tödliche Schuss wird offenbar von niemandem wahrgenommen. Die Wachsamkeit der Menschen am Hof, allen voran derer, denen diese Aufgabe explizit zugeteilt wird, scheint sich in den Gewohnheiten

---

204 Hervorhebungen hinzugefügt.

des Alltags zu nivellieren. Selbst ein lauter Schuss wird entweder von niemandem bemerkt oder zumindest nicht als akustisches Warnsignal für eine Straftat wahrgenommen. Das akribische Vorgehen des Täters mutet in Anbetracht dessen geradezu überflüssig an.

Im Text wird explizit darauf hingewiesen, wie gründlich die Täter trotzdem bei der anschließenden Vertuschung der Tat und Beseitigung des Leichnams vorgehen:

> Nachmals sey er mit Johan von Lavigne **heymlich** hinvnter gangen/ zu sehen ob das Grab auch groß genug wert/ den Leichnam darein zu legen: Welches sie noch ein wenig besser zugerichtet: Seyen darnach wider hinauff gangen: **Hetten ihre Schuch außgethan/ auff daß sie nicht gehöret würden:** Hett darnach ein Handzwel genommen/ vnd mit der seiden Schnur dem Todten die Nase vnd Maul damit verbunden/ auch den Hut ihm wol vber den kopff gezogen/ damit es desto weniger Blut geben möchte/ nachmals hab er deß. Todten Mantel vmb seinen Leib geschlagen/ denselben bey den Armen gefaßt/ vnd also beneben Johan von Lavigne/ der ihn bey den Füssen gehalten/ die Stiegen allgemach hinvnter auff den Aschhoff getragen:: Da sie die Handzwel vnd seiden Binde wider abgethan/ vnd ihn also in das Grab geworffen/ **mit dem Mantel zugedeckt/ vnd nachmals das Grab mit Erde wider zugefüllet/ vnnd endlich mit Aschen bedeckt/ damit man nicht mercken können/ daß die Erde daselbst auffgegraben gewesen:** Hetten darnach die Handzwel/ Schnur/ Karst vnd Schauffel zu sich genommen/ vnd sich wider hinauff in ihre Kammer verfügt [...]. Im selben Gemach hetten sie ein Liecht gelassen/ vnnd **die Fenster mit ihren Mänteln verdeckt/ daß nicht gesehen würde/ Nachmals weren sie mit dem Liecht vmbgangen vnd alle Staffeln besichtiget/ ob etwan Blutstropffen darauff gefallen/ dieselben abzuwäschen:** Die Handzwel vnd seiden Schnr [sic] hetten sie **verbrand/** die Schauffel **abgewaschen/** sich selbst auch bey dem springenden Brunnen an dem Stall **gesäubert** [...].[205]

Die Täter sind zunächst darauf bedacht, dass sie selbst weder gesehen noch gehört werden. Darüber hinaus beseitigen sie alle Beweise, die auf ein Tötungsdelikt hinweisen könnten. Sie verwischen alle denkbaren Spuren des Verbrechens, alle äußerlich sichtbaren Indizien, welche einen Verdacht erregen und zu den Tätern führen könnten. Die detaillierte Beschreibung der großen Sorgfalt könnte insofern entlastend gewirkt haben, als sie verdeutlicht, wie schwierig es für Außenstehende war, das Verbrechen zu erkennen. Hinzu kommt, dass sich offenbar selbst die Faktoren, die von den Tätern nicht beeinflussbar waren, vorteilhaft auf die Vertuschung der Verbrechens auswirkten: „also daß sie von niemand gemerckt worden weil es ein sehr finstere Nacht gewesen/ vnd ein grosser Wind mit gangen." Doch drängt sich weiterhin die Frage auf, wie die weltliche Justiz die Sicherheit der breiten Bevölkerung gewährleisten kann, wenn sie dies bereits im eigenen sozialen Zentrum nicht schafft.

---

205 Hervorhebungen hinzugefügt.

Im Textteil unseres Flugblattes wird zunächst versucht, den Geltungsanspruch der obrigkeitlichen Ordnungsmacht zu rehabilitieren. So wird die zweite Texthälfte dafür genutzt, um zu beschreiben, wie die Täter verfolgt, ergriffen und schließlich hingerichtet wurden. Dabei werden die weltlich-juristischen Prozeduren mit der göttlichen Intervention in Beziehung gesetzt:

> Viel treffelichen Personen wolgeacht,
> Wurden uber dem Mord unschuldig bedacht,
> Drum seufzet mancher Zu Gott zu der zeit,
> Demnach wurdn die unschuldigē bald befreit,
> Als dess Fursten Schreiber auch ward entwendt,
> Sextausent guldē, diss und den mord bekendt,
> Ian Parÿs durch sehr shwar peinlich fragen,
> Vnd Ian La Vigne ohn pein alles thet sagen,
> Auss Parÿs hauss bracht man dē Schats und gelt,
> Der Hollendisch Hofs Raht hats wolbestelt,
> Vnd auch bald geurtheilt mit Rechtes macht
> Dass beyder Mörder anfin Creuts wurdn geradbracht,
> So spurt man noch, dass Gott durch Rechtes fleiss,
> Dieb und Möder [sic] sehr shnel zu straffen weiss.
> (V. 21–34)

Nach der Entdeckung der Tat kommt zunächst die immanente Strafverfolgung zum Einsatz, um das Verbrechen aufzuklären und die Täter zur Rechenschaft zu ziehen. Bevor letztere jedoch gefasst werden können, gerät die menschliche Justiz erst einmal auf eine falsche Spur. Gott muss in das Geschehen eingreifen, um die falschen Verdächtigungen aufzudecken. Denkbar wäre, dass die explizite Herausstellung dieses defizitären Vorgangs eine Kritik an den Schwachstellen des irdischen Justizsystems ist, die durch göttliche Intervention ausgeglichen werden müssen. Vor allem die Schlussverse jedoch weisen auf eine andere Lesart hin. Demzufolge würden die anfänglichen Irrtümer des weltlichen Rechtssystems aus dem Grund textuell eingebaut, um einzuräumen, dass seine Grenzen bei der Aufklärung des Falls abzusehen sind. In diesem Moment steht die göttliche Gerechtigkeit hinter dem irdischem Recht und wirkt stützend und stabilisierend. Die Limitierung der menschlichen Institution wird ausgeglichen, indem die göttliche Institution mit ihr kooperiert. Da, wo die menschliche Erkenntnis einer bestimmten Kontingenz unterworfen ist oder gar endet, greift Gott in das Geschehen ein. Gott ist zwar die oberste, zugleich sorgsame und kontrollierende Wächterinstanz. Doch am Ende stehen göttliche Gerechtigkeit und irdisches Recht zusammen. Hierauf, so betont es der Text, kann man sich letztlich verlassen. Der erneute Abgleich mit der niederländischen Vorlage zeigt, dass, ähnlich wie die Einführung der Teufelsfigur, auch die göttliche Intervention eine eigenmächtige Setzung des deutschen Textes ist. Die

Beschreibung des göttlichen Eingreifens in das weltliche Geschehen könnte als moralisierender Gegenpol zur teuflischen List gelesen werden, um die Ordnung der immanenten Welt wiederherzustellen.

Dem Bild jedoch scheint diese vertikale Konstruktion von Wachsamkeitspflicht nicht zu genügen, um teuflischen Gefahren, vor allem in direkter Begegnung innerhalb des eigenen sozialen Gefüges entgegenzutreten. Mehrere Bildelemente sprechen dafür, dass die Graphik als Präventionsmaßnahme stattdessen für eine horizontale Beobachtung auf zwischenmenschlich-sozialer Ebene plädiert. Gleich mehrere graphische Details lassen hierauf schließen. So rückt etwa die Hinrichtung der beiden Täter, „in der ja die (weltliche) Restitution der (göttlichen) Ordnung vollzogen werden soll"[206], deutlich in den Hintergrund. Die Hinrichtungspfähle im hinteren linken Bildausschnitt steigen zwar gewissermaßen aus dem Lauf der im Vordergrund dargestellten Pistole empor, was die textuell bereits aufgerufene Durchsetzungsstärke der weltlichen Strafgewalt graphisch untermauern soll. Doch wird der Darstellung dieses institutionellen Kontrollmechanismus lediglich der kleinste der drei Bildausschnitte zugesprochen; eine graphische Entsprechung der göttlichen Dimension lässt sich nicht finden. Dass es vor allem im Bildteil des vorliegenden Flugblatts also darum geht, immanente, insbesondere zwischenmenschliche Interaktionen darzustellen, lässt sich auch durch den Vergleich mit dem niederländischen Flugblatt Moord op Jan van Wely (Abb. 18) nachzeichnen.[207]

Auch dieses Flugblatt setzt sich – allerdings lediglich graphisch, d. h. ohne Textteil – mit den Ereignissen am Fürstenhof und ihren Folgen auseinander, unterscheidet sich im Hinblick auf die darstellerische Gewichtung der einzelnen Handlungsstationen jedoch gravierend vom deutschen Exemplar. Das Bild ist in insgesamt vier verschiedene Bildteile gegliedert, wobei die gesamte obere Bildhälfte der öffentlichkeitswirksamen Hinrichtungsszene der beiden Täter zugesprochen wird.[208] Die Darstellung der rechtmäßigen Bestrafung der Täter durch den obrigkeitlichen Justizapparats nimmt also einen ebenso großen Bildraum ein wie die der Täter und des Verbrechens. Durch die Positionierung oberhalb der Tat erhält sie sogar eine noch höhere Gewichtung.

---

206 Waltenberger, Teuflische Ereignishaftigkeit, S. 151.
207 *Moord op Jan van Wely.* Erscheinungsort nicht ermittelbar, [1616]. Universität von Amsterdam, Allard Pierson Depot: OTM: Pr. G 13.
208 Zu den Formen symbolischer Kommunikation, mit denen das frühneuzeitliche Gericht verbunden war und zu denen etwa die Verkündigung der Urteile und deren Veröffentlichung sowie die Durchführung von Exekutionen als abschreckendes Beispiel an die Stadtbewohner gehörten vgl. Hrubá, Bürgerinnen und Bürger, S. 195, sowie weiterführend dazu vgl. Dülmen, *Theater* und Schulze, *Symbolische Kommunikation.*

Abbildung 18: *Moord op Jan van Wely*, 1616, Flugblattexemplar der Universität von Amsterdam.

Neben der Demonstration weltlicher Ordnungsmacht geht es dem niederländischen Blatt außerdem – und damit erneut in deutlicher Abweichung zu unserem Ausgangsbeispiel – darum, die Sensationslust des Publikums durch die drastische Inszenierung des Mordgeschehens selbst zu wecken. Das Blatt rückt hierzu die Brutalität des Mordes sowie die Dynamik des Kampfgeschehens durch die parallele Abfolge zahlreicher physischer Aktionen in den Mittelpunkt der Darstellung: Während der eine Täter seinem Opfer mit der linken Hand den Hals zudrückt, mit der anderen Hand zum Stich mit dem Dolch ansetzt und parallel dazu einen auf dem Boden liegenden Revolver beiseiteschiebt, klammert sich das wehrlose Opfer verzweifelt und mit entsetztem Gesichtsausdruck an einen Tisch und droht dabei vom Stuhl zu rutschen. Gleichzeitig begibt sich der zweite Täter in Richtung Tür, die er, während er das strauchelnde Opfer mit einer Hand abwehrt, mit der anderen Hand zuhält, wohl, um das Geschehen vor den Augen und Ohren anderer zu verbergen. Über diese Inszenierung soll die affektive Beteiligung des Publikums garantiert und dem potentiellen Verkauf des Blattes somit Vorschub geleistet werden.[209]

---

[209] Bereits Ewa Pietrzak stellt in ihrem Kommentar fest, dass diese Vorgehensweise bei der darstellenden Bearbeitungen des Verbrechens üblich ist (*DIF IX*, S. 426; zum Einbezug von Sensationen, um den Verkauf von Flugblättern zu steigern vgl. u. a. Schilling, *Bildpublizistik*, S, 228 f.); dass sich das besprochene Flugblatt im Vergleich dazu nun deutlich anders verhält, führt sie auf dessen Haupt-

Die graphische Umsetzung der Ereignisse im deutschen Flugblatt steht dieser Inszenierung nun mehrfach entgegen. So nutzt das Blatt *WARHAFTE CONTRAFACTVR* [...] (Abb. 17) das Querformat seiner Graphik nicht dazu, um die Abfolge mehrerer Ereignisse darzustellen. Vielmehr geht es darum, die spezifische horizontale Beobachtungskonstellation zwischen Tätern und Opfer in den Fokus zu rücken. Eine solche Betrachtungslinie wird von den beiden schwebenden Teufelsfiguren am linken und rechten Rand des Dargestellten bereits vorgegeben. Diese beiden Teufel unterscheiden sich in ihrer graphischen Umsetzung gravierend von der einzelnen, mannshohen Teufelsfigur im rechten Hintergrund des Bildes. Letzterer kann aufgrund ihrer physischen Erscheinungsform eine potentielle Realität unterstellt werden. Die beiden Teufelsfiguren im Vordergrund weisen hingegen nicht nur eine deutlich geringere Körpergröße auf. Sie setzen sich zudem durch ihr stilisiert wirkendes Erscheinungsbild kontrastiv von der stilistisch forcierten Realitätsnähe der übrigen Darstellung ab. Der ontologische Status der beiden schwebenden Teufel bleibt durch ihre spezifische graphische Inszenierung also zunächst unklar. Andere Bilddetails, wie etwa der versteckte Dolch unter dem Mantel des einen und das in Falten gelegte Seidenband in der Hand des anderen Täters, gehören eindeutig zum realen Szenarium des Mordes dazu. Sie sind Indizien dafür, dass es sich beim Dargestellten um eine Mordintrige handeln könnte. Die Darstellungsart der Teufelsfiguren hingegen suggeriert, dass sie nicht im als realistisch Dargestellten der Szenerie anzusiedeln sind.

Auch ihre Position als Einbläser legt nahe, dass sie als Bildelement anzusehen sind, das auf einer Zeichenebene außerhalb der Handlung zu situieren ist. Als Hinweisfiguren für die innere Boshaftigkeit der Täterfiguren machen sie somit das reale Wirken des unsichtbaren Teuflischen auf die Figuren sichtbar. Letzteres wird graphisch auch über die Linie akzentuiert, die über den Blasebalg bis hin zur Kugel gezeichnet wird. Das Einblasen des Teufels stellt einen initialen Akt dar, der scheinbar durch den Kopf des Täters hindurch geht und als Handlung in Form des Pistolenschusses wieder austritt. Das auslösende Moment und die Tat selbst sind sichtbar, dazwischen aber liegt etwas, das in dem ausdruckslosen Gesichtsausdruck des Täters pointiert unsichtbar bleibt. Die Luft des Blasebalgs wird graphisch durch die vom Patronenlager aufsteigende Puffwolke sowie das Mündungsfeuer am Ende des Kugellaufs verdoppelt. Über dieses Motiv des Entfachens und Entladens wird eine enge Kausalität zwischen der Sichtbarkeit innerhalb der realen Szene und der Sichtbarkeit des Teufels als Zeichen auf einer anderen Bildebene für die Betrach-

---

funktion als Informationsquelle zurück. Zwar hat auch die vorliegende Analyse gezeigt, dass es dem Blatt weniger um die Abschreckung des Publikums geht, jedoch geht sie in ihren Annahmen deutlich über die Vermutung Pietrzaks hinaus. Vielmehr scheint es um die bewusste Inszenierung einer bestimmten, horizontalen Beobachtungskonstellation zu gehen.

tenden suggeriert. Kontrastiv dazwischen ist die im Inneren verborgene, unsichtbar bleibende Intentionalität des Täters eingespannt.

Diese Szene im Vordergrund des Bildes zeigt ein dezidiertes Stillstehen auf eine Hundertstelsekunde. Sie zeichnet sich damit durch ihre spezifische Momenthaftigkeit aus. Das Bild scheint die Zeit genau an diesem kurzen, eigentlich nicht beobachtbaren Moment anzuhalten. Es handelt sich um einen ephemeren Moment, der aufgrund der Schnelligkeit der Kugel real nicht wahrnehmbar wäre. Die Aufmerksamkeit der Rezipierenden wird also auf einen ganz bestimmten, nämlich den kürzesten, Augenblick zwischen Austreten des Schusses und Eintreffen der Kugel in den Körper des Juweliers gelenkt. Die spezifische Fähigkeit und Funktion des Bildteils liegen also darin, sichtbar zu machen, dass das, was im Inneren des Menschen passiert, nach außen gerade nicht sichtbar wird. Die innere Boshaftigkeit der Täter lässt sich nicht an ihren Gesichtern ablesen. Welche Gefahren eine solche Wahrnehmungsproblematik birgt, können wiederum die Ausführungen in der Chronik verdeutlichen:

> Aber den Hut/ Kragen/ Handschuch/ Schreibtaffel vnd Beutel deß obgedachten Johan von Wely hab er verbrand: Vnd das Gelt so im Beutel gewesen behalten/ den Leichnam hab er vnd Johan von Lavigne hernach **in ein Winckel gezogen/** vnd mit dem Haupt auff ein ledern Böller gelegt/ auff welchem das Blut bleiben möchte: Vnd hab **den Tisch darfür gezogen/ daß er nicht möchte gesehen werden:** [...] Darauff sie **mit noch einer andern Personen** hingangē/ vnd ein Maß Wein getruncken: Welches sie gethan **eine Entschuldigung** zu haben/ wann erwan einiger **Verdacht** auff sie sollte geworffen werden. Als nun die Zeit kommen/ daß ir Excell. zur Taffel gesessen/ sey er abgetretten vnnd in sein hauß gangen/ ein Schauffel vnd Karst zu holen/ den Leichnam damit zu begraben: [...] Vnd **als ihr Excell. sich zu Ruhe begeben/ hab er die Trabanten abgeschafft/ vnd die Thor verschlossen** [...].[210]

Die physischen Spuren eines Mordes sind leicht zu verdecken. Dass die Tat unentdeckt bleibt, wird daher maßgeblich von der moralischen Verkommenheit der Täter mitbestimmt, vor allem der von Parijs. Auch nach dem Mord agiert er weiterhin mit Bedacht, macht keine Fehler und wird nicht unvorsichtig. Ganz im Gegenteil: Er handelt äußerst rational und verschafft sich und seinem Handlanger sogar ein Alibi für die Tatzeit. Das Kalkül dieser *Entschuldigung* gründet auf der Annahme, dass Menschen eine solche Skrupellosigkeit einander nicht zutrauen würden: Ein Verdacht entsteht vor allem dann nicht, wenn das Böse unsichtbar bleibt, etwa indem man sich möglichst unauffällig verhält und seine sozialen sowie beruflichen Gewohnheiten auch dann pflegt, wenn man gerade einen anderen Menschen getötet hat.

---

[210] Hervorhebungen hinzugefügt.

Ein inneres Böses wird oftmals unterschätzt und kann sich seinen Weg bahnen, weil es von anderen nicht erkannt wird – oder nicht erkannt werden kann. Genau auf dieser Wahrnehmungsgrenze zwischen Sichtbarem und Unsichtbarem hält sich im Bild des Flugblatts nun der Teufel auf. Er wird zum Bildzeichen für etwas, das dem Inneren einer menschlichen Figur zuzusprechen ist. Weder an körperlichen Merkmalen und Eigenschaften einer Person, wie ihrer Physiognomie, Gestik oder ihrer Kleidung, noch anhand ihrer Standeszugehörigkeit lässt sich ablesen, ob von ihr eine Gefahr ausgeht oder nicht. Die Intentionalität des Täters bleibt unsichtbar. Der Teufel macht für Betrachtende also etwas sichtbar, das für diejenigen, die das Geschehen real erleben, verborgen bleibt. Über den graphisch akzentuierten Gegensatz von Sichtbarkeit und Unsichtbarkeit sensibilisiert die Flugblattgraphik Betrachtende für individuelle Wachsamkeitsproblematiken. Es wird deutlich, dass so etwas wie Vertrauen eben nicht an die Stelle von Aufmerksamkeit zu setzen ist, auch und vor allem in einer Situation der sozialen Nähe. Die Pole ‚Unaufmerksamkeit/Freund' sowie ‚Aufmerksamkeit/Feind' scheinen nicht immer in eins zu fallen. Dieses Spannungsverhältnis muss durch individuelle Wachsamkeit austariert werden, die eben nicht einfach auszulagern ist, etwa auf Institutionen oder Gott. In Bezug auf die Problematik, wie eine potentielle Gefährdung aussehen und man sich auf sie einstellen kann, wird klar, dass sie eben nicht prognostizierbar ist. Im Umkehrschluss ist stets davon auszugehen, dass sie in besonders perfider Form auch vom Nächsten ausgehen kann. Durch diese Erkenntnis, die über den Rezeptionsprozess erlangt wird, werden die diabolischen Gefährdungen zumindest in ihrer Unkalkulierbarkeit erwartbar.

3.5 Zur Entlarvung ‚falscher' Teufel

3.5.1 Von (jesuitischen) Täuschungen ...

In diesem letzten Unterkapitel des Analyseteils der Arbeit soll schließlich gezeigt werden, dass die grundsätzlich eingeforderte Wachsamkeit gegenüber dem diabolischen Verführer auch problematisch werden kann. Dies ist etwa dann der Fall, wenn die in den religiösen Appellen vehement eingeforderte, ständig hohe Wachsamkeit gegenüber potentiellen teuflischen Einflüsse zu einer Überfixierung auf diabolische Erscheinungen kommt. Letztlich kann das dazu führen, dass Menschen fälschlicherweise als vom Teufel beeinflusst oder gar für ihn selbst gehalten werden. Von einem solchen angeblichen Vorfall berichtet auch das in der Wickiana enthaltene Flugblatt mit dem Incipit *Newe zeytung/ Vnnd warhaffter Bericht eines Jesuiters* [...] von 1569 (Abb. 19). Es wird von einem angeblichen Vorfall in der Stadt Augsburg berichtet, bei dem ein jesuitischer Mönch bei dem Versuch getötet wurde,

Abbildung 19: *Newe zeytung/ Vnnd warhaffter Bericht eines Jesuiters* [...], 1569, Flugblattexemplar der Zentralbibliothek Zürich.

als Teufel verkleidet eine evangelische Magd zur Konversion zu bewegen.[211] Obwohl das Ereignis mehrfach überliefert ist, ist es historisch nicht belegt.[212] Anstelle der Darstellung eines konkreten Verbrechens geht es daher auch im vorliegenden Flugblatt, das sich durch eine scharfe Polemik auszeichnet, um die Veranschaulichung angeblicher jesuitischer Praktiken. In den Mittelpunkt wird dabei die vermeintlich weit verbreitete, betrügerische Verhüllungstaktik katholischer Geistlicher gerückt, die sich als Teufel verkleiden, um die katholische Lehre auf listige Weise durchzusetzen.[213]

Durch die eindeutig protestantische Position gegenüber dem Mönchswesen steht das Blatt in der Tradition antijesuitischer Publizistik, die sich gegen die Jesuiten als „Protagonisten der Gegenreformation und Rekatholisierung"[214] richtete. Vor dem Hintergrund konfessioneller Differenzen verhandelt das Blatt jedoch nicht nur die verwerfliche Methode jesuitischer Täuschung selbst. Es geht auch um die Möglichkeiten, diese als diesseitige Gefahr zu enttarnen und sich dadurch vor ihr schützen zu können. Zur Veranschaulichung der jesuitischen Bedrohung changiert das Blatt in seiner Darstellung der Ereignisse wiederholt zwischen Sichtbarkeit und Unsichtbarkeit, zwischen Verdeckung und Entlarvung. Dabei wird immer wieder die Frage aufgeworfen, wer den verkleideten Mönch wie, also als Teufel oder als Mensch, wahrnimmt. Die Spezifik dieser bild- und textimmanent erzeugten Wahrnehmungsproblematik gilt es im Abgleich mit anderen Bearbeitungen des Vorfalls ebenso nachzuzeichnen wie die Funktionsweise des hierdurch erzeugten Verunsicherungs-Effekts, der sich auf Rezeptionsebene übertragen lässt.

Die Graphik des Blattes stellt eine Szene im Inneren eines Schlafgemachs dar. Zu erkennen sind drei Figuren, die auf unterschiedliche Weise in das Geschehen involviert sind. Bei der linken und mittleren Figur handelt es sich um zwei männliche Personen, die in einen Zweikampf verwickelt sind. Der linke Mann sticht der ihm gegenüberstehenden Person mit einem Schwert in den Bauch, während er ihr mit der anderen Hand eine Teufelsmaske vom Gesicht reißt. Dem Hammer zu Füßen der Kämpfenden kann zunächst keine handlungsbestimmende Bedeutung

---

211 *Newe zeytung/ Vnnd warhaffter Bericht eines Jesuiters* [...]. [Hof?] [1569], Zentralbibliothek Zürich: PAS II 12/74; vgl. *DIF VI*, Nr. 162 (kommentiert von Dietmar Peil); verzeichnet ist das Blatt außerdem bei Weller, Zeitungen, Nr. 356, Mintzel, Hofer Einblattdrucke, S. 77–81, Strauss III, S. 1335, Fehr, *Massenkunst*, S. 71, sowie Schilling, *Bildpublizistik*, Nr. 165.
212 Zum strittigen historischen Wahrheitsgehalt des Vorfalls sowie der Vermutung, dass es verschiedene Varianten des Blattes gab, die bisher jedoch nicht nachgewiesen werden konnten, vgl. den Kommentar von Dietmar Peil in *DIF VI*, S. 318.
213 Vgl. hierzu auch die Ausführungen von Klug, *Das konfessionelle Flugblatt*, S. 263.
214 Greyerz, *Handbuch*, S. 52. Zu den Hintergründen und der historischen Entwicklung antijesuitischer Publizistik vgl. Painter, Katechismus, S. 142 u. 163f., sowie Niemetz, Rhetorische Strategien, S. 165f.

im dargestellten Geschehen beigemessen werden. Die Bildkomposition wird durch eine dritte, weibliche Figur ergänzt, die mit entblößtem Oberkörper aufrecht im Bett sitzt. Mit klagendem Gesichtsausdruck schlägt sie ihre Arme über dem Kopf zusammen. Von dieser leicht nach hinten versetzten Position aus beobachtet die Frau die Auseinandersetzung der beiden Kontrahenten. Sie ist damit selbst nicht direkt am Kampfgeschehen beteiligt. Der genaue Handlungszusammenhang innerhalb der Szene ist allein aus der graphischen Inszenierung nicht ersichtlich.[215]

Erst der Flugblatttitel gibt Aufschluss über den dargestellten Sachverhalt, bevor schließlich der dreispaltige Flugblatttext die Hintergründe und den Hergang der Ereignisse näher beleuchtet. Nach einer kurzen Vorrede stellt der Text zunächst den sozialen Kontext des Vorfalls her. Beschrieben wird, wie „[e]in Magdt die in der selbigen Statt/ Bey eim fürnemmen Herrn dient hatt/ [...] Welche/ war Evangelisch/ Vnd sonst dz gantz haußgsind Båpstisch" (V. 23–28).[216] Die konfessionelle Opposition zwischen evangelischer Magd und jesuitischem Mönch wird im Titel bereits angedeutet. Im Text jedoch wird die Andersgläubigkeit des Dienstmädchens innerhalb der Hausgemeinschaft noch einmal besonders hervorgehoben. Als einziges nicht-katholisches Mitglied ist sie Teil von dieser und gleichzeitig vollkommen isoliert. Der Text betont die Stellung der Magd innerhalb der eigenen Gemeinschaft damit als konfessionell wie sozial negativ exponiert und angreifbar. So bleibt es nicht bei einer kontrollierenden Beobachtung durch andere im Hinblick auf ein mögliches Fehlverhalten, sondern es kommt zu konkreten, anfänglich noch verbalen Versuchen der Autoritäten, die Magd zur Konversion zu bewegen:

> Ir Herr hett sie gern selbs beredt/
> Deßgleich der Jesuiter thet:
> Daß sie von jrem glauben abstůnd/
> Sie thet sonst ein grewliche sünd/
> Vnd wanns sich nicht bekeeren wolt/
> Der Teuffel sie anfechten solt/
> Vnd gar in verzweifflung treiben/
> Solt doch kurzumb nicht drauff bleiben.
> In summa/ die magdt wolt nit daran/
> Sie wolt auff jrem glauben bstahn [...].
> (V. 29–38)

---

[215] Hier wird eine bestimmte Rezeption des Flugblattes vorausgesetzt, die beim Bild beginnt; vgl. dazu Anm. 30.

[216] Dass der Name des Dienstherrn, Hans Fugger, im Einblattdruck eindeutig verschwiegen wird (vgl. dazu den Kommentar von Dietmar Peil in *DIF VI*, S. 318), kann als bewusste Entscheidung gewertet werden, würde doch die Thematisierung seiner Konfessionszugehörigkeit als zeitgenössisches Politikum vom eigentlichen Inhalt des Blattes ablenken.

Trotz der wiederkehrenden, eindringlichen Bekehrungsversuche hält die Magd an ihrer Konfession fest. Selbst die Androhung des Teufels kann die religiöse Überzeugung der Frau nicht erschüttern. Der Text hebt ihre innere Standhaftigkeit angesichts dieser Bedrohungslage besonders hervor. Als bewährte Verteidigungsstrategie gegen das katholische Böse kommt jene vor allem dann zum Tragen, wenn härtere Maßnahmen ergriffen werden, um die fromme, fest in ihrem Glauben stehende Magd von einer religiösen Umkehr zu überzeugen:

> Was gschach/ der rath ward also bschlossen
> Daß der Jesuiter zum bossen/
> Versůcht ob er sie abschrecken kůndt/
> Daß sie von jrem Glauben abstůnd/
> Machte bald zwey Teuffels kleider/
> Damit sich dann anzoge leider
> Der Jesuiter/ vnd erschein/
> Bey dunckler nacht der magdt allein [...].
> (V. 39–46)

Die Verkleidung des Mönches als Teufel stellt auf mehreren Ebenen eine Eskalationsstufe dar. Zunächst ist die Kostümierung bereits eine Steigerung, indem die vermeintliche Erscheinung des Teufels nicht nur verbal angedroht, sondern funktionalisiert wird. Der Plan basiert auf dem weit verbreiteten Teufelsglauben, von dem man sich eine abschreckende Wirkung erhofft.[217] Die List des Mönches basiert auf der Annahme, dass der plötzliche Anblick einer horriblen Teufelsgestalt der Magd eine derartige Angst einjagt, dass sie die Täuschung nicht erkennt und den Menschen unter der Kostümierung nicht wahrnimmt. Es geht hierbei um das bewusste Erzeugen einer Illusion, die den Einbruch transzendenter Mächte innerhalb des realen Umfeldes der Magd vortäuscht. Die Wahrnehmung einer angeblich teuflischen Erscheinung soll die Frau von der Sündhaftigkeit ihres Glaubens überzeugen und zur Konversion führen. Die aktive Täuschung eines anderen Menschen wird von den Akteuren als probates Mittel angesehen, um die eigenen Ziele durchzusetzen. Das macht das Verhalten des Mönches und des Herrn auch in moralischer Hinsicht äußerst fragwürdig.

Die intendierte Wirkung des Vorhabens, die Magd durch eine List von ihrem Glauben abzubringen, scheitert letztlich. Indem der Mönch *zwey Teuffelskleider* bereitlegt, scheint er sich zwar auf den Fall vorzubereiten, dass die Frau widerstandsfähig ist und er mit seinem Vorhaben nicht gleich beim ersten Versuch erfolgreich sein wird. Dennoch gelingt es ihm nicht, sie zu bekehren. So beschreibt der

---

217 Zur weit verbreiteten volkstümlichen Furcht vor dem Teufel auch nach der Reformation vgl. Greyerz, *Handbuch*, S. 194; Scribner, *Religion*, S. 74 sowie generell Dinzelbacher, *Angst*.

Text, dass die Aktion „jr zwar einen schrecken bracht", doch ist es ein Schock, „[w]ie ein jeder bey jm selbs eracht" (V. 47 f.). Das Entsetzen der Frau ist dabei nicht notwendigerweise auf den Anblick der Teufelsgestalt zurückzuführen. Ihre Furcht könnte ebenso der Tatsache gelten, dass ein einzelner Mann nachts in ihr Schlafzimmer und damit ihre Intimsphäre eindringt. Die Formulierung *zwey Teuffelskleider* könnte dann auch ein textueller Hinweis auf die potentielle Zweifachbesetzung der Szene sein, die ansonsten vor allem bildlich erzeugt wird. So könnte es sich einerseits um eine Verkleidung handeln, die der konfessionellen Bekehrung dienlich ist. Andererseits könnte es eine Vermummung darstellen, um einen sexuellen Übergriff zu vertuschen. Der Text sieht es als selbstverständlich an, dass diese Situation allgemein und für jede Person furchterregend wäre. Trotz ihrer nahezu aussichtslosen sozialen Lage, in der beinahe die gesamte Hausgemeinschaft Teil der Verschwörung ist, „im hauß [dorffts] niemandt sagen" (V. 49), vertraut sie sich einem *knecht* (V. 50) an. Die beiden Bediensteten bilden nun einen mikrosozialen Zusammenschluss. Die Magd ist sich ihrer eigenen vulnerablen Stellung innerhalb der Gemeinschaft bewusst und versteht es, aus ihrer Situation heraus den Knecht für ihre Verteidigung zu verpflichten. Sie gelangt offenbar zu der Einsicht, dass sie sich nicht mittels ihrer eigenen inneren Standhaftigkeit gegen einen physischen Übergriff schützen kann, sondern hierfür eine ebenso physische Gegenmaßnahme notwendig ist. Auch wenn der Text nicht expliziert, ob sie von einer tatsächlichen Teufelserscheinung ausgeht oder ihr die Täuschung bewusst wird, lässt sie sich von ihrer Angst weder lähmen noch leiten.

Deutlich wird das vor allem im Vergleich mit den Ausführungen eines handschriftlichen Berichts von 1568 über die Ereignisse, der ebenfalls in der Wickiana enthalten ist.[218] In diesem unterscheidet sich die Reaktion der Magd dahingehend, dass die Frau beim Erblicken des nächtlichen Eindringlings derartig erschrickt, „das sy bald darufff irer sinnen beraubet" war. Über den grauenerregenden Anblick des Teufels wird sie scheinbar ohnmächtig und unzurechnungsfähig. Der intrigante Plan des Mönches verfehlt durch eine solche Überreaktion auch hier seine intendierte Wirkung. Die Angst der Frau vor dem Bösen steigert sich bis zur Besinnungslosigkeit. Vorbildhaft in Bezug auf den Anblick des Teufels wirkt dagegen die rationale Reaktion der Magd auf dem Flugblatt.

Als ebenso positiv wird letztlich auch das Verhalten des Knechts gegenüber der vermeintlichen Begegnung mit dem Teufel bewertet. Beim Anblick der kostümier-

---

218 Wick, *Ein als Teufel verkleideter Jesuit* [...]. Erscheinungsort nicht ermittelbar, 1568 (https://swisscovery.slsp.ch/permalink/41SLSP_NETWORK/1ufb5t2/alma991034539439705501 [letzter Zugriff: 14.03.2023]); vgl. außerdem Senn, *Die Wickiana*, S. 171.

ten Figur scheint er zunächst von der Existenz einer tatsächlichen Teufelsgestalt auszugehen:

> Der knecht die steg hinauff thet eylen:
> Hett sich mit eim faustkolb verfaßt/
> Sein schwert auch nicht dahinden laßt/
> Der knecht kecklich in kammer geht/
> Sicht daß der Teuffel beim bett steht/
> Vnd sicht das er gegen jm gieng/
> Dem Knecht zů grausen auch anfieng [...].
> (V. 60–66)

Mit schwerer Bewaffnung bereitet sich der Knecht zunächst auf eine physische Auseinandersetzung vor. In dem Moment, in dem er den Eindringling jedoch sieht, nimmt er den Mönch als Teufel wahr. Die Erscheinung eines nicht-menschlichen Wesens hält er offenbar für möglich. Denn der Knecht fürchtet sich zwar beim Anblick der Figur, die am Bett steht, greift als Verteidigung jedoch nicht auf seine physischen Waffen zurück. Zunächst versucht er vielmehr, den (imaginierten) Teufel intuitiv mit rituellen Schutzzeichen zu vertreiben:

> Bey dem Allmechtigen er jn bschwůr/
> Der Teuffel dennocht nicht außfůr/
> Sonder sich neher zů jm macht/
> faßt derhalb ein argwon vnd dacht/
> Das es nicht recht wurde zůgehen [...].
> (V. 66–71)

Diese Art der Teufelsabwehr zeigt jedoch keinerlei Wirkung, was den Knecht skeptisch macht.[219] Obwohl er bereits vermutet, dass es sich nicht um den echten Teufel handeln kann, ist er weiterhin verunsichert. Ihm scheint nicht vollkommen klar zu sein, mit wem oder was er es hier zu tun hat, ob es sich also um eine menschliche Erscheinung handelt oder nicht. Schließlich ist es aber die reale Bedrohungslage, die ihn zum Handeln zwingt:

> Vermeint doch noch ein weyl zůstehn
> Er macht jm aber so eng die Kammer/
> Greiff letzlich zů seim fausthammer/
> Schlecht jm den über seinen grind/
> Der Teuffel dennocht nicht verschwindt/

---

[219] Zur Verbreitung altgläubiger Gegenwehrmaßnahmen gegen das teuflische Böse und der (protestantischen) Kritik daran vgl. Dinzelbacher, *Handbuch*, S. 161; zu deren Gebrauch auch nach der Reformation vgl. ebd., S. 227, sowie Scribner, *Religion*, S. 317.

> Greiff derhalb noch zů seim schwert auch/
> Sticht es dem Teuffel durch den bauch.
> (V. 72–78)

Die Figur – Teufel oder nicht – bringt den Knecht in akute physische Bedrängnis. Hierdurch wird der anschließende Gewaltexzess gerechtfertigt und begründet, warum der Knecht eine andere Erklärungsmöglichkeit für die fragwürdigen Geschehnisse, etwa die einer täuschenden Verkleidung, gar nicht mehr in Erwägung zieht.

Spätestens nach der Tötung müsste dem Knecht klar werden, dass es sich bei seinem Gegenüber nicht um den Teufel handeln kann. Denn, wie er ja selbst zunächst annimmt, wäre die Tötung durch einen Hammer dann wirkungslos. Dennoch betont der Text:

> Da lag der Jesuiterisch Teuffel/
> Bey wem er sey ist noch zweyfel/ [...]
> Also ward die magdt von dem bösen/
> Gar wunderbarlichen erlöset [...].
> (V. 79–84)

Mönch und Teufel werden personell nahezu gleichgesetzt, die Differenz zwischen den beiden Figuren rhetorisch minimiert. Der Text unterstreicht zum einen die innere Boshaftigkeit des katholischen Geistlichen. Zum anderen wird hierdurch die Tötung eines anderen Menschen textuell verdeckt. Dem Tötungsakt des Knechts wird vielmehr ein erlösender Charakter zugeschrieben. Eine weltlich-rechtliche Dimension, welche die Strafverfolgung eines solchen Kapitalverbrechens als Störung der gesamten sozialen Ordnung normalerweise mit sich bringen würde, wird zugunsten der protestantischen Färbung des Blattes bewusst ausgeklammert. Das zeigt auch der Vergleich mit einer handschriftlichen Fassung des Berichts über den Vorfall in der Wickiana, der im Gegensatz zum Druck zu einem plausiblen Abschluss gebracht wird: „Dess todten lychnam hatt man in stiller und geheimer wyss in ein closter, Elchingen genant, gefürt und daselbs begraben. Es hatt auch der rhad zuo Augspurg irr gspäch und kundschafft uff disen knächt gemacht, welcher aber darvon und entrunnen ist." Zumindest wird hier der Versuch geschildert, auch den Knecht für den Mord an einem anderen Menschen zur Rechenschaft zu ziehen.

Die Tötung des Mönches als Reaktion auf die unsichere Wahrnehmung des vermeintlichen Teufels wird im Flugblatt zum legitimen Umgang mit dem diabolischen Bösen und erfährt hierdurch eine positive Bewertung. Ganz gleich, ob der Knecht den Mönch umbringt, weil er ihn für den echten Teufel hält oder er ihn tötet, weil er sich als katholischer Geistlicher lediglich als Teufel ausgibt – beides scheint in der Logik des protestantisch orientierten Blattes durch den teuflischen Akt des

Verkleidens gerechtfertigt zu sein. Die Frage nach dem Erkennen des Teufels wird vom Text zwar aufgeworfen, ist für die Bewertung des Geschehens letztlich jedoch irrelevant. Auch bildliche Details weisen darauf hin, dass der Mönch durch die Tötung seine rechtmäßige Strafe für die Täuschung erhält. So fügt sich das Schwert, also die Tatwaffe, durch seine vertikale Ausrichtung in die Komposition gerader Linien ein.[220] Als Teil des vertikal-horizontal-Schemas ist es kein dynamisches Element, obwohl die Handlung einen solchen Status bedingen müsste. Die Darstellung der Tötung besitzt, anders als die Darstellung der diabolischen Verkleidung, eine Ordnung. Insbesondere das ungeordnete, zottelige Fell des Teufelskostüms hebt sich von der Symmetrie der Kulisse ab. Im Gegensatz zum Schwert steht es der klaren vertikalen und horizontalen Linienführung entgegen, wie sie von den dargestellten Grundmauern, den Fenstern und dem Bettgestell vorgegeben wird. Durch die Anordnung des Schwertes wird eine gewisse Vorbildhaftigkeit der Art und Weise suggeriert, in der der Knecht auf die uneindeutige Wahrnehmung reagiert. Zusätzlich wird der Knecht im Bild durch seine Kleidung eindeutig als Edelknabe gekennzeichnet, obwohl er im Text stets als Knecht ausgewiesen wird.[221] Sein äußeres Erscheinungsbild soll auf sein ehrenhaftes Handeln hindeuten.

Auch die formale Gestaltung des Blattes weist darauf hin, dass der Fokus auf der bewussten Inszenierung einer solchen Wahrnehmungsproblematik und dem Umgang mit ihr liegt. Die Beschreibung der Begegnung zwischen Knecht und Teufel nimmt ungefähr ein Viertel des gesamten Flugblatttextes ein, was sie bereits in textueller Hinsicht als Höhepunkt des Geschehens kennzeichnet. Die erzählte Zeit ist zudem deutlich verlangsamt, was die inhaltliche Relevanz der Szene zusätzlich hervorhebt. Die Aufmerksamkeit der Rezipierenden wird beim Lesen auf den spezifischen Moment gerichtet, der auch graphisch eingefangen wird. Durch die Hervorhebung der beiden männlichen Kontrahenten wird explizit der Augenblick fokussiert, in dem der Knecht die Teufelsmaske vom Gesicht des Mönches ablöst.

Gleichzeitig wirft das Bild hierdurch die Frage nach dem Handlungsablauf auf, die jedoch unbeantwortet bleibt.[222] Unklar ist, ob die Tötung des Mönches vor oder nach seiner Entlarvung geschieht, der Knecht zum dargestellten Zeitpunkt des

---

220 In der Verlängerung dieser Linie könnte das Schwert in Kombination mit dem vertikal verlaufenden Bettpfosten an ein Kreuzzeichen erinnern, die Darstellung des Knechtes in Folge dessen an das Bild eines *miles christianus*. Die Tötung würde dann eine zusätzliche, göttliche Legitimation erhalten. Die Nacktheit der Frau könnte als Pendant dazu als Zeichen jungfräulicher Unschuld gewertet werden, die es zu schützen gilt.
221 Zur gesellschaftlichen Funktion von Kleidung und ihrer Semantik vgl. Dinges, Lesbarkeit, S. 90; Schnitzer, *Maskeraden*, S. 7, sowie Roeck, *Lebenswelt*, S. 27.
222 Zu den verschiedenen Modellen der visuellen Dimension von Simultaneität vgl. Blümle, Augenblick, hier S. 43.

Schwertstiches also weiß, dass es sich bei seinem Gegenüber nicht um den Teufel, sondern um einen verkleideten Geistlichen handelt. Diese Unsicherheit wird zunächst durch die Beschaffenheit des Teufelskostüms verschärft. Es entspricht in seiner detailgetreuen Ausführung mit Hörnern, Schwanz und Krallenklauen kulturell geprägten diabolischen Erscheinungsformen. An den meisten Stellen scheinen Verkleidung und menschlicher Körper zudem ineinander überzugehen. Es entsteht eine Art visuelle Melange zwischen beiden Teilen, die nicht mehr klar voneinander zu unterscheiden sind. An Kopf und Füßen kommen die Körperteile des Mönches zum Vorschein. Doch liegen die Krallenfüße derartig verdeckend auf, dass sie für das Gegenüber nicht unbedingt als Verkleidung zu identifizieren sind. Die Möglichkeit, dass der Knecht zumindest zu einem bestimmten Zeitpunkt von der Erscheinung einer echten Teufelsgestalt ausgeht, ist daher auch bildimmanent nicht auszuschließen. Das zeigt auch der Vergleich mit der Miniatur, mit der die oben bereits erwähnte handschriftliche Fassung der Ereignisse versehen ist (Abb. 20).[223]

Für die bildliche Veranschaulichung der Geschehnisse wird hier auf eine Simultandarstellung zurückgegriffen. Im selben Raum werden dafür zwei Szenen erkennbar, in denen jeweils der Teufel erscheint. Der mehrfache Auftritt des teuflischen Protagonisten verdeutlicht, dass es sich um verschiedene Etappen der Handlung handelt. In dieser Form der graphischen Aufbereitung können der zeitliche Verlauf und daher auch die Kausalitäten der Handlung deutlicher nachvollzogen werden. Darüber hinaus weist in der Miniatur kein Bilddetail darauf hin, dass es sich bei dem dämonischen Eindringling eigentlich um einen verkleideten Menschen handelt. An keiner Stelle des Kostüms etwa blitzt ein menschliches Körperteil hervor. Die bildimmanenten Reaktionen scheinen aus der Annahme heraus zu erfolgen, dass es sich bei der Erscheinung tatsächlich um den Teufel handelt.

Im Flugblatt wird hingegen die Ambiguität der Teufelsfigur betont. Das geschieht auch über die Entlarvung der Täuschung selbst. Das gezielte Abreißen der Teufelsmaske ist ein rein bildliches Element, das textuell keine Entsprechung findet. Hierdurch wiederum wird plausibel, dass der Knecht durchaus von einer Verkleidung ausgeht, die es gilt, sichtbar zu machen. Unter der Maskierung tritt – nicht zuletzt für die Rezipierenden – deutlich sichtbar ein menschlicher Kopf hervor. Die Tonsur macht die zum Vorschein kommende Person zudem eindeutig als Mönch identifizierbar. Durch die spezifische bildliche Darstellung der Enttarnung des Teufels bleibt jedoch ebenso die Beantwortung der Frage uneindeutig, wen oder was die Magd sieht. Das Entsetzen der Frau lässt sich einerseits als Reaktion auf das körperhafte Erscheinen des Teufels deuten, dessen Existenz sie für möglich hält.

---

223 Vgl. Anm. 217.

Abbildung 20: *Ein als Teufel verkleideter Jesuit* […], 1568, Handschriftenexemplar der Zentralbibliothek Zürich.

Andererseits ist der Kopf des Mönches für sie zumindest im dargestellten Moment von ihrer Position aus deutlich erkennbar. Das wiederum ließe den Schluss zu, dass die Frau sich nicht vor dem Teufel selbst, sondern vor dem sexuellen Übergriff eines männlichen Triebtäters fürchtet, dessen Absichten sie erkannt hat. Die Nacktheit der Frau lässt jedoch auch eine weitere Deutungsmöglichkeit zu, nämlich die eines sexuellen Verhältnisses zwischen Mönch und Magd. Die Verkleidung wäre dann Teil eines nächtlichen Liebesspiels, auf das die Frau sich, angezeigt durch ihr Entblößt-Sein, einlässt. Auch wenn das Verhalten des Mönches, der als katholischer Geistlicher Keuschheit gelobt hat, aus moralischer Sicht dann nicht weniger fragwürdig wäre, würde das Entsetzen der Magd in diesem Fall seiner Ermordung gelten. Auch die Figurenkonstellation innerhalb der dargestellten Szene ließe den Schluss einer Liebschaft zwischen Magd und Mönch zu. Dass letzterer zwischen den beiden anderen Figuren positioniert ist, könnte darauf hinweisen, dass wiederum der Knecht zum Geschehen dazukommt. Denkbar wäre daher auch, dass er die Liebschaft der beiden erkennt und den Mönch aus Eifersucht tötet. Immerhin betont der Flugblatttext, dass der Knecht der Magd „[...] nit wenig war holt" (V. 51).

Eine sexuelle Dimension ist auch anderen Inszenierungen des Vorfalls durchaus inhärent. Die Möglichkeit einer wechselseitigen Liebschaft zwischen Magd und Mönch hingegen ist die spezifische Ausformung der vorliegenden Flugblattgraphik. Das zeigt auch der erneute Vergleich mit anderen Bearbeitungen desselben Ereignisses. Der oben bereits angeführten Miniatur etwa ist eine solche Einvernehmlichkeit nicht zu entnehmen. So ist der Teufel einmal im Begriff, gewaltvoll in das Bett der nackten Magd einzudringen. Es entsteht der Eindruck eines brutalen Vergewaltigungsversuchs, der sich durch das äußere Erscheinungsbild der zweiten Darstellung noch verstärkt. Neben den zur Schau gestellten nackten Brüsten wird vor allem der Genitalbereich der rechten Teufelsfigur plakativ hervorgehoben. Die Nase des sich dort befindlichen, fratzenhaften Gesichts mutet wie ein erigiertes Glied an, die herausgestreckte Zunge wie das entblößte Skrotum. Die Augen der lustvoll verzerrten Grimasse richten sich auf die nackte Frau im gegenüberliegenden Bett, wodurch sie zum sexuellen Objekt männlicher Begierde pervertiert wird.

Auch in der Beschreibung des Vorfalls in einer 1586 in Ingolstadt erschienenen Flugschrift, die das Geschehen in eine Reihe verschiedener, angeblich von Jesuiten begangener Untaten stellt, wird das sexuelle Verlangen als einseitig männlich betont: „Item etlich zů Augspurg in Mumerey vnd Mascara bey Nåchtlicherweil gebůlt/ vñ darüber erstochē worden seyn".[224] Der Mönch buhlt um die Gunst der Frau. Ein wechselseitiges Interesse ist dieser Schilderung nicht zu entnehmen. Besonders deutlich wird das auch auf dem Titelholzschnitt einer 1569 erschienenen Flugschrift (Abb. 21).[225]

---

[224] Hanson, *Offenbarung der newen erschröcklichen vnnd Teuflischen Landtlugen* [...]. Ingolstadt 1586, hier S. 3.
[225] *Nawe Zeitung,|| Wie ein Jesuwider in Teuf=||fels gestalt* [...]. 1569.

3.5 Zur Entlarvung ‚falscher' Teufel — 115

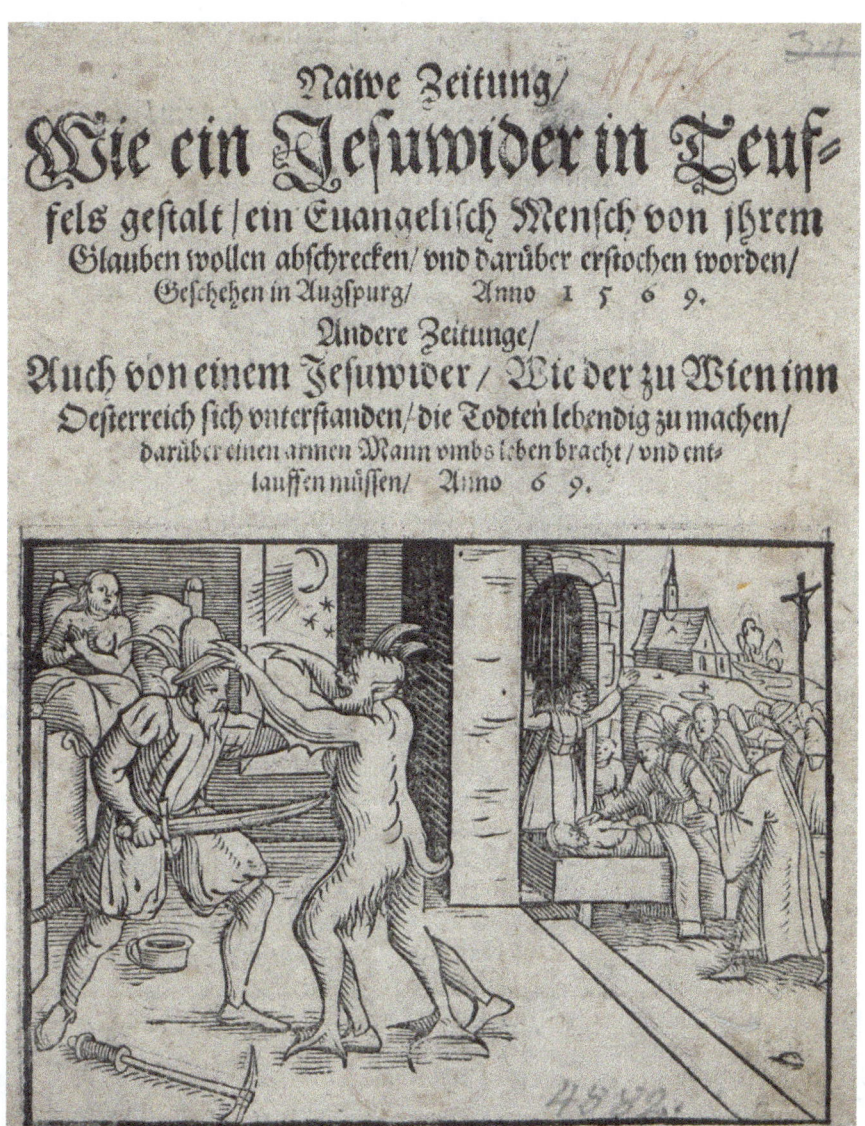

Abbildung 21: *Nawe Zeitung/ Wie ein Jesuwider in Teuffels gestalt* [...], 1569, Flugschriftexemplar der Staatsbibliothek zu Berlin – Preußischer Kulturbesitz.

In der Darstellung der linken Bildhälfte, in der die Ereignisse in Augspurg graphisch inszeniert werden, wird die Frau bildkompositorisch eindeutig in den Hintergrund rückt. Zwar verfolgt sie den Zweikampf auch hier von ihrem Bett aus, jedoch wird sie in einer eher betenden Haltung dargestellt, in der lediglich eine Brust entblößt wird. Ihre Nacktheit wird deutlich weniger demonstrativ zur Schau gestellt. Weder Mimik noch Gestik sprechen für ein sexuelles Erregtsein, wie es in der Flugblattgraphik der Fall ist. Darüber hinaus fällt die unterschiedliche Figurenkonstellation in den beiden graphischen Inszenierungen auf. So steht der Knecht in der Titelgraphik der Flugschrift zwischen Magd und verkleidetem Mönch. In seiner physischen Position und Handlung nimmt er die Rolle des Beschützers einer hilflosen Frau gegenüber einem Eindringling von außen ein. Diese Lesart der graphischen Inszenierung wird auch durch das Lexem *Mensch* im Titel unterstützt, das die inferiore und daher schützenswerte Stellung der weiblichen Figur bereits beinhaltet und damit zusätzlich hervorhebt.

In der Flugblattgraphik hingegen wird die Nacktheit der Frau plakativ zur Schau gestellt. Dem Blatt wird hierdurch eine eindeutige sexuelle Konnotation verliehen. Sie ist eine spezifisch bildliche Umsetzung und findet in einer solchen Explizitheit keine Entsprechung im Text. Das Hinzufügen einer solchen erotischen Dimension ist inhaltlich zunächst der antijesuitischen Polemik des Blattes dienlich, indem die moralische Integrität des eigentlich zu sexueller Enthaltsamkeit verpflichteten Mönch weiter in Frage gestellt wird. Die spezifisch erotische Inszenierung macht dabei eine potentielle Mehrfachbesetzung der Szene plausibel. Hierdurch ausgelöste Inkongruenzen zwischen Text und Bild erzeugen auf Rezeptionsebene wiederum Irritationsmomente. Derartige Diskrepanzen können die Aufmerksamkeit der Betrachtenden auf die dargestellte Problematik erhöhen.

Über das Motiv des maskierten Teufels soll Betrachtenden zunächst vor Augen geführt werden, wie der Teufel von den Mönchen intrigant eingesetzt wird, um Andersgläubigen Angst einzuflößen und Schrecken herzustellen. Es dient dazu, die teufelsähnliche Bosheit der Jesuiten evident zu machen, die im Text in den Schlussversen kulminiert:

> Wolt Gott das wir abkemen mal/
> Solcher Münchischen Teuffel all/
> Die anders nichts mit der kapp schaffen/
> Dann leut zůschrecken vnd zů affen/
> Vnd wann die nicht mehr helffen kan/
> Ziehens ehe des Teuffels kapp an/
> Weil kein forcht mehr ist vorn Wölffen/
> So můß jetzt der Teuffel helffen [...].
> (V. 85–92)

Die angeblichen jesuitischen Praktiken werden einerseits als heuchlerisch kritisiert und als unwirksames Schauspiel entlarvt. Indem den jesuitischen Mönchen offenbar nichts mehr anderes als das Böse und der Schrecken selbst einfällt, um die Menschen von ihrem Glauben zu überzeugen, werden sie der Einfallslosigkeit bezichtigt. Andererseits spricht das Blatt mit der Darstellung einer derartigen Funktionalisierung des Teufels eine deutliche Warnung an sein Publikum aus. Überall dort nämlich, wo eine monströse Gestalt vorgeführt wird, sollte sich der Verdacht einstellen, dass es sich um eine jesuitische Intrige handelt. Es gilt, Gesehenes auf zusätzliche Sinnzuschreibungen hin zu überprüfen, die sich hinter der Fassade des Plakativen verbergen könnten. Auf autoreflexiver Ebene gilt das auch und vor allem für den Inhalt, den das Flugblatt selbst darstellt.

Über die bildliche Darstellung der nackten Frau erprobt das Blatt die Wirksamkeit der eigenen Botschaft. Der übergeordnete Blick der Rezipierenden wird hierbei gezielt mit einbezogen. Die seitliche Perspektive auf das Bild würde es erlauben, den falschen Teufel leicht zu erkennen. Das oben bereits erläuterte spezifische Abziehen der Teufelsmaske mutet gar wie ein bewusstes Entlarven für das Publikum an. Voraussetzung dafür, die jesuitische Täuschung aufdecken zu können, ist jedoch, sich nicht von der barbusigen Frau im Hintergrund der zentralen Kampfszene ablenken zu lassen. In ihrer Gestik und Mimik hebt auch sie sich als optischer Reiz von der übrigen Kulisse ab. Ihre pure Nacktheit steht dabei dem brachial anmutenden Zu-Viel an Kleidung der männlichen Figuren, also der nicht standesgemäßen Robe des Knechtes sowie dem verdeckenden Kostüm des Mönches entgegen. Das Blatt versucht, die Aufmerksamkeit Rezipierender für sich zu generieren, indem es „emotionale Schlüsselreize [...] zur gezielten Aktivierung des Rezipienten [...]"[226] einsetzt. Entscheidend ist, dass ein solch stark aktivierendes Element dabei „in einer engen Beziehung zur Botschaft stehen [muss]", da „[a]nsonsten [...] die Gefahr [besteht], dass [es] die Aufmerksamkeit zu sehr auf sich zieh[t] und von der eigentlichen Botschaft ablenk[t]."[227] Das Teufelskostüm des Mönches ist gewissermaßen die nackte Frau des Flugblattes. Letzteres bedient sich derselben Mittel, die es als gefährlich darstellt. Über die nackte Frau nun macht das Blatt die unaufrichtigen jesuitischen Praktiken für das Publikum direkt erfahrbar. Wichtiger Unterschied zur jesuitischen Angsterzeugung ist, dass das Medium hierdurch einen Reflexionsprozess bei den Rezipierenden zu initiieren sucht. Der mediale Einsatz der nackten Frau fordert das Publikum dazu auf, mehrere Perspektiven einzunehmen, um auf das Geschehen zu schauen. Um Klarheit zu erlangen gilt es, Sinneseindrücke zu hinterfragen. Der vom Flugblatt initiierte Wahrnehmungsprozess kann vor Intrigen schützen, wenn es gelingt, sich nicht durch die Überfokussierung auf Äußerlichkeiten vom dahinter verborgen Liegenden ablenken zu lassen.

---

226 Tropp, *Moderne Marketing-Kommunikation*, S. 622 f.
227 Ebd. In seinen Ausführungen beschreibt Tropp die Funktionsweise dieses Effekts, der in der Marketing-Kommunikation als Vampir- oder auch Ablenkungseffekt bekannt ist.

3.5.2 … und aufmerksamen Töchtern

Abbildung 22: *Ein wunderbarliche Geschicht/ von dreyen Studenten* […], 1573, Flugblattexemplar der Zentralbibliothek Zürich.

Über deutliche Diskrepanzen zwischen Bild und Text wird auch im zweiten Flugblattbeispiel des Kapitels die Notwendigkeit erörtert, Gesehenes zu hinterfragen, um sich vor teuflischen Übergriffen zu schützen. Der Rezeptions- und damit auch Verstehensprozess der verhandelten Wachsamkeitsproblematik steht jedoch unter deutlich anderen sozialen und moralischen Vorzeichen. Das ebenfalls in der Wickiana überlieferte Blatt mit dem Incipit *Ein wunderbarliche Geschicht/ von dreyen Studenten* [...]²²⁸ (Abb. 22) berichtet von einem missglückten Raub dreier Studenten an einem Wirt, bei dem sie sich durch entsprechende Kostümierungen als Engel, Teufel und der Tod ausgeben. Die Täter werden in flagranti ertappt und anschließend für ihr unlauteres Handeln bestraft. Die bildliche Darstellung des Blattes zeichnet sich dabei durch mehrere, scheinbar gleichzeitig stattfindende Ereignisse aus. Auf etwa zwei Dritteln der Graphik ist die Innenansicht eines zweistöckigen Gebäudes dargestellt, in dessen Erdgeschoss vier Männergestalten um einen mit Speisen und Getränken gedeckten Tisch sitzen beziehungsweise stehen. Gestik und Mimik der Figuren weisen auf eine ausgelassene Stimmung hin. Auf einer Empore oberhalb dieses Geschehens spielt sich eine weitere Szene ab, in der eine männliche Figur im Nachtgewand offenbar von einem Skelett verfolgt wird.²²⁹ Mit erschrockenem, auf den Tod gerichtetem Blick und ausgestreckten Armen versucht der Mann dem Griff des Skeletts zu entkommen. Er bewegt sich dabei auf eine Teufel- und eine Engelsfigur zu, die hinter der geöffneten Schlafzimmertür stehen. Vom rechten Rand des Bildes treten drei weitere Männergestalten von außen an das Haus heran. Hinter ihnen, im Mittelgrund der Graphik, werden Häuserfronten erkennbar, hinter denen wiederum der Blick auf einen Hügel im Hintergrund des Bildes freigelegt wird. Auf dessen Gipfel wird ein von Hinrichtungsrädern umstellter Galgen mit drei gehängten Gestalten erkennbar.

Dass es sich bei der Darstellung um zeitlich versetzte Szenen handelt, die ein Nacheinander anzeigen, lässt sich erst nach der Lektüre des vierspaltigen Flugblatttextes unterhalb der Graphik feststellen. Letzterer gibt Aufschluss über den temporären und kausalen Zusammenhang sowie die Hintergründe der inszenierten Ereignisse. Der Schwerpunkt wird dabei auf die ausführliche Beschreibung der studentischen List gelegt, die vom Wirt als solche nicht erkannt wird. Mehrere Faktoren tragen zu diesem Wahrnehmungsproblem bei. Zunächst scheint die Inszenierung selbst durchaus überzeugend zu sein. Sie gleicht einer choreographisch perfektionierten Aufführung mit dramatischen Elementen:

> Der erst verkleidt sich ungehewr.
> Wie der Teuffel grausam vnd rot/
> Der ander wie der grimmig Todt.

---

228 *Ein wunderbarliche Geschicht/ von dreyen Studenten* [...]. Erscheinungsort nicht ermittelbar, [1573], Zentralbibliothek Zürich: PAS II 13/22; vgl. *DIF VII*, Nr. 36 (kommentiert von Dietmar Peil); vgl. auch Fehr, *Massenkunst*, Abb. 42, sowie Strauss II, S. 754.
229 Zu Todesfiguren, die in Handschriften und Druckgraphiken mitten in den Lebensalltag versetzt werden vgl. Kiening, *Privatheit*, S. 528.

> Der dritt wie ein Engel gebildt/
> Die zwen grewlich der dritt gar mildt.
> Do sich der Wirth het glegt zu růh/
> Da schlich der wie der Todt herzů.
> Erschröckt den Wirth eylendts behendt/
> Wolauff mit mir du hast dein endt.
> Gedenck was du auff erd hast thon/
> Darumb mustu mit mir daruon
> Der ander kam gesprungen bald/
> Erschröcklich eines Teüffels gstalt.
> (V. 24–36)

Um den Wirt zunächst mittels Angsterzeugung gefügig zu machen, damit er sich anschließend bereitwillig von seinem Geld trennt, treten die Studenten nacheinander als unterschiedlich verkleidete Akteure in Erscheinung. Der Auftritt der Studenten wirkt routiniert. Jedem ist eine klare Rolle in dem Schauspiel zugewiesen. Mit der Hilfe theatraler Techniken wie Kostüm, Körper- und Stimmeinsatz, soll der Wirt dazu gebracht werden, zu glauben, dass es sich um eine echte Erscheinung des Todes, des Teufels und eines Engels handelt, auch wenn das in Wirklichkeit nicht der Fall ist. Die erste Phase ihres Plans besteht darin, Angst zu erzeugen. Das Vorgehen der Studenten ist dabei keinesfalls spekulativ. Die Täter beziehen ihr Wissen über den weit verbreiteten Teufelsglauben bewusst in ihr Kalkül mit ein und stützen sich auf die kulturell vorgeprägten Vorstellungen einer Teufelserscheinung. Der Plan geht auf, indem bereits der Anblick des vermeintlichen Todes und Teufels eine Schockreaktion beim Wirt auslöst. Durch ihr äußeres Erscheinungsbild etablieren die Täter eine Drohkulisse, vor der sie ihr Schauspiel fortführen können:

> Der Wirth erschrack der ding gar sehr/ [...]
> Er kam in grosser rew vnd leid/
> Bewainet sein vergangne zeit. [...]
> Der Wirth fieng an weinet vnd sprach.
> O Gott biß mir genedig baldt/
> Da kam der in des Engels gstalt.
> Tröstet den Wirth vnd macht jn keck/
> Schůff die zwen bald wider hinweck.
> Sagt dem Wirth das er lenger leb/
> Vnd sein reichthumb bald von jm geb
> Das war der Wirth gar willig jhm/
> Er sprach sehin vnd alles nimb.
> (V. 45–60)

Das richtige Timing der himmlischen Intervention scheint an dieser Stelle ausschlaggebend zu sein. Just in dem Augenblick, in dem der verängstigte Wirt Gott um

Errettung anruft, tritt der Engel als vermeintlicher Erlöser in Erscheinung, der unmittelbar Milde walten lässt. Die Forderung des angeblichen Engels erscheint als Ausweg aus der prekären Situation besonders vertrauenswürdig. Die Wirksamkeit des Betrugs und die Bereitschaft des Wirtes, sich seines Reichtums zu entledigen, begründet sich jedoch auch durch sein eigenes moralisches Versehrt-Sein. Nicht nur die Studenten „hetten heimlich lüst im sinn [...]" (V. 19). Auch der Wirt selbst wendet offenbar zweifelhafte Geschäftspraktiken an, wodurch er moralisch angreifbar wird. Die Unmoral des Wirtes scheint eine wichtige Grundvoraussetzung für die Umsetzung ihres Plans zu sein. Die Studenten haben sich ihr Opfer daher nicht zufällig ausgesucht. Durch ihren mehrtägigen Aufenthalt im Wirtshaus haben sie eine Beobachtungssituation erschaffen, in der sie das Verhalten des Wirtes über einen begrenzten Zeitraum aufmerksam observieren können, um ihr Wissen anschließend bewusst für ihre Intrige zu nutzen.

Die Konfrontation mit der eigenen Sündhaftigkeit führt beim Wirt zu einem Skalierungsproblem von Aufmerksamkeit. Durch sein moralisches Fehlverhalten entwickelt er einerseits eine übersteigerte Aufmerksamkeit für das Böse. Die Möglichkeit, in absehbarer Zeit in Form einer konkreten Begegnung mit dem Teuflischen hierfür zur Rechenschaft gezogen zu werden, scheint für den Wirt nicht nur plausibel, sondern geradezu erwartbar. Andererseits führt die Konzentration auf das Böse zu einer besonderen Unaufmerksamkeit, die den Wirt nicht mehr erkennen lässt, dass es sich bei den drei Gestalten lediglich um Betrüger handelt. Durch die

> [...] totale Konzentration auf teuflische Einflüsse als Transzendenzphänomene [entstehen] blinde Flecken für diesseitige Vorgänge [...], durch immer weiter gesteigerte v. a. visuelle Aufmerksamkeit und damit verbundene Angst paradoxale (Umschlag-) Phänomene [...], bei denen trotz gesteigerter Aufmerksamkeit weniger oder Falsches wahrgenommen wird.[230]

Die visuelle Überfokussierung auf die Teufelserscheinung lenkt den Wirt von zusätzlichen, etwa auditiven Signalen ab, die auf eine Täuschung hinweisen könnten. Durch den mehrtägigen Aufenthalt der Studenten könnten beispielsweise ihre Stimmen für den Wirt wiedererkennbar sein. Der Text zeichnet das Bild eines naiven Wirtes, der sich durch seine moralischen Verfehlungen allzu leicht vom eigentlichen Geschehen ablenken lässt. Um ihm Angst einzuflößen und anschließend zu hintergehen, genügt es, gängige Vorstellungsmuster zu aktivieren. Als positives Gegenbeispiel für diese ungleichmäßig austarierte Aufmerksamkeit wird die Figur der Tochter des Wirtes im Text etabliert. Ihr Verhalten unterscheidet sich in mehrfacher Hinsicht von dem ihres Vaters:

---

[230] Struwe-Rohr, Blinde Flecken, S. 400.

> Er het ein Tochter in dem hauß/
> Die hörts im schlaff vnd het ein grauß.
> Kam bald in die Kamer vnd schaut/
> Dann die druhen krachet gar laut.
> Fragt den Vatter was jm doch wer/
> Sie sach die drey ohn als gefehr.
> Da schrey sie laut O Mordio/
> Da erwacht das gesindt aldo.
> (V. 61–68)

Bei ähnlicher Ausgangslage, in der die Tochter ebenso aus dem Schlaf geweckt wird, lösen die nächtlichen Geräusche auch bei ihr zunächst Angstgefühle aus. Doch schlagen diese nicht in eine übersteigerte Aufmerksamkeit und ein daran anschließendes irrationales Handeln um. Ganz im Gegenteil: Die auditiv wahrgenommenen Reize führen zu einer besorgten Skepsis, die sie die Ursache des Lärms ergründen lässt. Dass die Tochter deutlich scharfsinniger auf das Wahrgenommene reagiert als ihr Vater, zeigt sich vor allem beim Anblick der verkleideten Figuren. Anstatt auf die List der Studenten hereinzufallen, entlarvt sie das Spektakel der Studenten sofort. Sie lässt sich nicht von ihren Beobachtungen täuschen, sondern ordnet ihre Beobachtungen als Täuschung ein. Damit ist sie in der Lage, die Situation nicht nur auf Basis ihrer sinnlichen Wahrnehmung, sondern mittels ihres Verstandes als Bedrohungslage zu bewerten. Und so lässt sich der Ausruf der Tochter auch nicht als bloße Bekundung des Erschreckens verstehen. Vielmehr ist es der wörtliche Ausdruck einer funktionierenden horizontalen Wachsamkeit, die auf mehreren Ebenen ihre Wirkung entfaltet.

Der laute Klageruf der Tochter ist eine eindeutige akustische Warnung vor einer akuten Gefahr, die einen sozialen Prozess in Gang setzt. Andere Mitglieder des Hausstandes werden in einen alerten Zustand versetzt und „[...] zu sofortiger Hilfeleistung [verpflichtet]"[231]. Ihre individuelle Aufmerksamkeit ist dem begrenzten sozialen Raum der Hausgemeinschaft zunächst aus monetärer Sicht zuträglich. Gilt die List der Studenten zunächst nur dem Wirt, markiert die Reaktion der Tochter das gegenseitige ökonomische Abhängigkeitsverhältnis zwischen ihm und seinem Gesinde. Über den finanziellen Verlust, den der Wirt erleiden könnte, hinaus, würde der Raub seines Vermögens einen negativen Effekt für den gesamten sozialen Zusammenschluss bedeuten. Der ökonomische Aspekt des Verbrechens zieht sich durch den gesamten Textteil des Blattes. Steht zunächst die Habgier der Studenten im Vordergrund, die ihnen *kein gewinn* bringen wird, wird auch die Tochter des Wirtes durch das krachende Geräusch der Geldtruhe wach. Die monetäre Di-

---

[231] Röhrich, Zetermordio, S. 1769.

mension lässt sich auch auf die Rezeptionsebene übertragen, wenn es in Vers 97 f. heißt: „So Gott fůrchten zu aller zeit/ Solche arbeit/ solchen lon geit." Das *So* bezieht sich auf das wachsame Handeln Einzelner innerhalb der eigenen Gemeinschaft, zu dem Rezipierende extrinsisch motiviert werden sollen, indem ein finanzieller Lohn in Aussicht gestellt wird. Das Blatt spielt stets mit der Doppeldeutigkeit vom finanziellen Lohn im Diesseits und dem Bezahlen für die eigenen Sünden, um den Lohn im Jenseits zu erhalten. Der Lohn von Wachsamkeit bedeutet immer auch, vom Teufel (zukünftig) nicht mehr angefochten zu werden.

Der Ruf der Tochter setzt darüber hinaus einen Rechtskasus in Gang.[232] Erst als durch ihre Reaktion „[d]er Lermen in dem hauß zunam/ Ein Rathsherr [mit andern Burgern] bald zum handel kam" (V. 69–70). Die Sphäre des Verbrechens weitet sich damit sukzessiv vom persönlichen zum innersten sozialen Umfeld des Wirtes bis hin zur Öffentlichkeit aus. Die Tochter wird zum Bindeglied im komplexen Gefüge zwischen Innen und Außen sowie Oben und Unten. Über ihre Aufmerksamkeit werden individuelle sozioökonomische an rechtliche Ziele der eigenen Gemeinschaft gekoppelt. Die Tat wiederum wird hierdurch als eine gesamtgesellschaftliche Problematik markiert, die soziale und rechtliche Konsequenzen verlangt. Die Schuld der Studenten wird daher auch auf mehreren Ebenen öffentlich zur Schau gestellt. Zum einen werden die Täter und darüber hinaus auch weitere Familienmitglieder durch ihre explizite Namensnennung zu Beginn des Textes öffentlich bloßgestellt.[233] Zum anderen soll eine solche soziale Ächtung auf potentielle Nachahmer abschreckend wirken. Es folgt die öffentliche Hinrichtung der Täter: „Das man sie fůrt zum Galgen nauß. Wurden gehenckt all drey zuhandt/ In jren vermumten gewandt" (V. 76 f.). Die besondere Härte der Strafe mag in Anbetracht der Art des Vergehens zunächst irritieren. So wird die Hinrichtung der Studenten etwa in einer Flugschrift, die sich ebenso mit den Ereignissen auseinandersetzt, dadurch plausibilisiert, dass die Studenten in der Vergangenheit mehrfach Morde verübt und damit Kapitalverbrechen begangen haben: „Wie sie an manchen orthen/ het ten begangen zwar/ Bey zwey vnd virzig Morde/ das ist gewisslich war [...]."[234]

Im Flugblatt soll hingegen ein Exempel in Bezug auf die Verkleidung und die damit verbundene Täuschung statuiert werden. Sich als Tod, Engel oder Teufel auszugeben ist keineswegs als bloße *kurtzweil* naiver Studenten zu bewerten, sondern mit einem schwerwiegenden Delikt gleichzusetzen. Dass die Täter in ihren Kostümen öffentlich zur Schau gestellt werden, ist in dem Sinne ein Aufdecken, als

---

[232] Zum Gebrauch des Begriffs ‚Zetermordio' im mittelalterlichen Rechtsleben vgl. Röhrich, Zetermordio, S. 1769.
[233] Zur sozialen Dimension der eigenen *fama* und der sozialpsychologisch virulenten Rolle der Angst vor Bloßstellung vgl. Melville, Vorbemerkungen, S. XIV.
[234] *Ein wunderlich Geschicht von dreyen Studenten* [...]. Schweinfurt: Kröner 1573.

die Art ihres Verbrechens und gleichzeitig die schwerwiegenden Folgen nach Außen hin demonstriert werden. Das Erhängen stellt zudem für alle sichtbar unter Beweis, dass es sich um menschliche Täter handelt. Tod, Teufel und Engel könnten als Figuren der Unsterblichkeit wohl kaum auf diese Weise bestraft werden. Das Adverb *zuhandt* soll die Unmittelbarkeit der Bestrafung solcher weltlichen Verbrecher betonen. Es unterstreicht die feste Entschlossenheit weltlicher Justiz, die durch den Betrug gestörte soziale Ordnung wiederherzustellen. Die konsequente Reaktion soll zugleich Vertrauen in die weltlich-rechtliche Ordnungsmacht schaffen. Letztere wird textuell jedoch wiederholt unterlaufen. Irritieren muss etwa, dass das unlautere Handeln des Wirtes keine rechtlichen Konsequenzen für ihn hat. Offenbar bestehen durchaus Möglichkeiten, die bestehende soziale Ordnung für den eigenen Vorteil auszunutzen, ohne dafür bestraft zu werden. Das Narrativ obrigkeitlicher Durchsetzungsstärke büßt überdies durch den Umstand gravierend ein, dass die Täter ihren Missetaten offenbar acht Jahre lang unbehelligt nachkommen konnten. Ihre Verbrechensserie wird erst durch die Wachsamkeit der Tochter unterbrochen und aufgedeckt.

Bemerkenswert ist, dass die Tochter als textuelle Schlüsselfigur in der bildlichen Inszenierung nicht in Erscheinung tritt. Die Bildkomposition ist scheinbar darum bemüht, die Autorität obrigkeitlicher Gerichtsbarkeit zu unterstreichen. Krone, Galgen und rechte Figurengruppe verlaufen auf derselben vertikalen Orientierungslinie, wodurch eine Kausalität zwischen den Bildelementen entsteht. Die Krone ist nicht einfach als Erkennungszeichen über dem Eingang des Gasthauses befestigt. Indem sie direkt über dem Galgen zu hängen scheint, tritt sie hier auch in ihrer Bedeutung als Herrschaftssymbol in Erscheinung.[235] Sie unterstützt die textuellen Ausführungen dahingehend, dass es sich bei der Hinrichtung der drei Personen um eine rechtmäßig induzierte, politische legitimierte Strafe handelt. Darauf verweist auch der Eindruck, dass die Krone horizontal auf gleicher Höhe mit den angedeuteten Wolken zu schweben scheint, die für himmlische Transzendenz stehen könnten. Es wird suggeriert, dass die weltliche Verurteilung der drei Studenten im Einklang mit der höchsten göttlichen Gerichtsbarkeit steht. Das öffentliche Erhängen macht neben den diesseitigen Konsequenzen der Straftat also auch ihre Sündhaftigkeit und damit die negativen Folgen für das jenseitige Leben der Täter sichtbar. Zusätzlich ist die Krone mit Hilfe eines Stabs an der Außenmauer des Gebäudes befestigt. Innerhalb der Bildstruktur kann dieser als Verlängerung des Geschehens auf der Empore gedeutet werden. Bildlich entsteht hierdurch eine Art szenischer Kreislauf, der den Zusammenhang zwischen dem Betrug und der obrigkeitlichen Bestrafung herstellt.

---

235 Däumer, ‚Krone', S. 344.

Die Figur der Tochter in der Narration stellt das institutionelle Blickregime in seiner top-down-Funktionalität in Frage. Das Bild scheint daher um eine unmittelbare Darstellung von Ursache und Wirkung bemüht, in der die obrigkeitliche Gerichtsbarkeit ohne die Mittlerfigur auskommt. Gleichzeitig bleibt die Position der Tochterfigur dadurch, dass sie in der Graphik selbst nicht als Bildelement etabliert wird, besetzbar – und zwar durch den übergeordneten Blick der einzelnen Betrachtenden auf das Bild. Mittels der (fehlenden) Tochterfigur lässt sich die Wahrnehmungslenkung Rezipierender durch das bewusste Erzeugen von Diskrepanzen zwischen Bild und Text besonders prägnant nachzeichnen. Beide Bestandteile des Flugblatts korrespondieren grundsätzlich in ihrer jeweiligen Schilderung der Ereignisse, sind jedoch keinesfalls kongruent. Zwischen bildlich und textuell dargestelltem Inhalt ergeben sich mehrfach Leerstellen. Bild und Text setzen in ihren Darstellungen unterschiedliche Schwerpunkte. Gerade über die detaillierten Ausführungen des Textes werden Informationen vermittelt, die über den Inhalt des bildlich Dargestellten hinausgehen. Unentscheidbar etwa bleibt bei alleiniger Betrachtung des Bildes, welches die Bewirtungsszene in den Vordergrund stellt, ob es sich bei den drei Figuren, die sich dem Wirtshaus im Bild von rechts nähern, um dieselben Personen handelt, die im nächsten Moment um den Tisch sitzen. Die identische Darstellung der Hüte könnten darauf hinweisen, dass es sich um Folgeszenen handelt. Gleichzeitig lässt die Inszenierung den Schluss zu, dass die drei Figuren unabhängig vom Geschehen im Haus als neue Gäste hinzukommen. Ihre Gestik, die auf die Intention hindeutet, das Wirtshaus betreten zu wollen, würde auch diesen Schluss zulassen. Die betrügerischen Absichten der drei Studenten sowie die Sündhaftigkeit des Wirtes kommt im Bild gerade nicht zum Vorschein. Es gibt keine bildlichen Indizien, die hierauf hinweisen könnten. Auch die Verkleidungen der Figuren sind bei alleiniger Betrachtung des Bildes nicht notwendigerweise als solche zu erkennen. Die Enttarnung des Betrugs erfolgt erst durch die Textlektüre.

Das Bild rekreiert mit den eigenen darstellerischen Mitteln auf Rezeptionsebene eine Situation, die mit der textuell geschilderten vergleichbar ist. Ähnlich wie für den Wirt, ergibt sich für die Betrachtenden eine Spannung zwischen Sinneswahrnehmungen, Teufelsglauben und dem Vertrauen auf den eigenen Verstand. Das Bild rückt mit der Bewirtungsszene eine Situation in den Fokus, die vermutlich viele der Rezipierenden kennen. Das Blatt zielt darauf ab, ein gewohntes Umfeld zu erzeugen, in dem Täuschungen leicht unbemerkt bleiben.[236] Erst durch einen be-

---

236 Dabei lässt sich erneut eine autoreflexive Dimension erkennen, da Wirtshäuser als Ort der Kommunikation galten, in denen Flugblätter sowohl vertrieben als auch aufgehängt und diskutiert wurden; zum Wirtshaus als ‚newsroom' vgl. Schwerhoff, Kommunikationsraum, S. 144, sowie Schilling, *Bildpublizisitk*, S. 35 und S. 48. Als Zentren der Debatte und Meinungsbildung wurden

wussten Rezeptionsprozess lässt sich diese Spannung lösen. Rezipierende werden zur Reflexion der eigenen Beobachtungsposition aufgerufen, indem sie über die Rezeption des Blattes den Blick der Tochter auf die Dinge einnehmen. Deren Vorbildhaftigkeit manifestiert sich ausgerechnet dadurch, dass sie gerade nicht als Bildelement gezeigt wird. Die Aufmerksamkeit Beobachtender wird auf ihren Umgang mit dem teuflischen Bösen gelenkt, indem sie als Beobachtungsobjekt entfällt.[237] Das Blatt fordert von einem potentiellen Publikum ein, Verantwortung für den eigenen Blick zu übernehmen. Das bezieht sich sowohl auf die Beobachtung des Bildes als auch darüber hinaus auf die Beobachtung anderer innerhalb des sozialen Gefüges. Hierauf weisen auch der Wachsamkeitsappell an das Publikum gleich zu Beginn des Textes, „NVn mercket auff [...]" (V. 1), sowie der Aufruf zum Schluss hin: „Das er nit in anfechtung fall/ Das Exempel betrachtet all" (V. 95 f.). Rezipierende werden direkt zu erhöhter Aufmerksamkeit bei der Rezeption des Blattes ermahnt. Gleichzeitig spiegelt sich die oben beschriebene Beobachtungskonstellation zwischen Einzelnem und Kollektiv in der Verschiebung vom Personalpronomen *er* hin zur Pluralformulierung *all*. Es geht um die horizontale, gegenseitige aufmerksame Beobachtung sowie um die kognitive Verarbeitung und das reflektierte Hinterfragen von Gesehenem oder Gehörtem. Darüber hinaus ist es die Warnung vor dem „blinden Vertrauen auf institutionell und konsensual vorgegebene Blickregime"[238] sowie „kollektive[n] normative[n] Blickweisen [...], bei denen dem Teufel ganz bestimmte körperliche Erscheinungen unterstellt werden."[239] Den eigenen Blick in Frage zu stellen, dient dem Schutz vor konkreten Anfechtungen des Teufels. Das Blatt bezieht die Beobachtungsperspektive Betrachtender im Rezeptionsprozess bewusst mit ein. Hierdurch verweist und stärkt es die Rolle des aufmerksamen Individuums innerhalb eines Blickregimes, das sich durch laterale Beobachtungen konstituiert. Gleichzeitig wird auf die Beobachtungsgrenzen Rezipierender hingewiesen. Das heißt, obwohl Einzelnen die Verantwortung zur Wachsamkeit übertragen wird, gibt es Bereiche, die unsichtbar bleiben. Der Blick Betrachtender wird dadurch erprobt, dass auch auf diese Einschränkungen hingewiesen wird, mit denen ebenso umgegangen werden muss.

Wirtshäuser von der Obrigkeit durchaus als Gefahr wahrgenommen, worauf das Flugblatt hier implizit Bezug nimmt. Hinzu kommt die Warnung des Blattes an Rezipierende vor wenig vertrauenswürdigen Wirten als schlitzohrige Geschäftsmänner, vor denen sich jederzeit in Acht zu nehmen ist, auch und gerade dann, wenn ihnen ihre Unmoral äußerlich eben nicht anzusehen ist.
237 Diese Strategie steht der des vorangegangenen Beispiels in dem Sinne entgegen als durch die nackte Frau gerade ein zusätzlicher optischer Reiz hinzugefügt wird.
238 Struwe-Rohr, Blinde Flecken, S. 403.
239 Ebd., S. 406.

4 Fazit

In der vorangegangenen Analyse wurde anhand eingehender Detailstudien die Funktion illustrierter Flugblätter für die Einübung individueller Wachsamkeit mit überindividuellen, der Gemeinschaft zuträglichen Zielen in der Kultur der Frühen Neuzeit nachgezeichnet. Im Folgenden sollen die wichtigsten Ergebnisse mit besonderem Blick auf die aufmerksamkeitsfördernde Wirkung der Flugblätter durch ihre jeweils spezifische Inszenierung der Teufelsfigur zusammengefasst werden. Hierüber soll zudem die Frage beantwortet werden, warum gerade illustrierte Flugblätter als Medien der Vigilanz schlechthin gelten können.

Im ersten Abschnitt des Hauptteils wurden die immer noch fest in den religiösen Vorstellungen vom Teufel verankerten Prämissen und vielfältigen moraltheologischen Implikationen der diabolischen Vigilanz erörtert. Mit der pluralisierenden Darstellung (allegorischer) Erscheinungsformen des diabolischen Feindes versucht das Blatt *Aufweckende Stunden-Wache* (Abb. 1) die Ubiquität teuflischer Gefahren abzubilden. Seinem Status als äußere und innerseelische Bedrohung entsprechend, kann dem Teufel auf unterschiedliche Weise, sowohl in externalisierter Form des Kämpfens als auch durch die internalisierte Möglichkeit des Betens, begegnet werden. Die wichtigste Verteidigungsstrategie gegen die ständig drohenden Anfeindungen des Teufels jedoch stellt für das gläubige Individuum das Wachen dar. Obwohl und gerade weil das Blatt sich offenbar der zeitlichen Problematik bewusst ist, dass menschliche Aufmerksamkeit nicht auf Dauer gestellt werden kann, appelliert es vehement an die Rezipierenden, aufmerksam zu bleiben. Eine Korrelation zwischen individueller Wachsamkeit gegenüber dem Teufel im Sinne einer inneren Selbstbeobachtung und dem eigenen Seelenheil wird hier bereits angedeutet. Im Blatt *MYSTERIUM RATIONIS HUMANÆ* [...] (Abb. 4) tritt diese durch die antithetische Konzeption des Blattes dann noch einmal deutlicher hervor. Vor dem Hintergrund gängiger moraltheologischer Motive wie der Zwei-Wege-Metaphorik wird der Vernunftgebrauch bei Glaubensfragen nicht einfach nur verteufelt. Vielmehr wird sein Scheitern explizit als Beobachtungskonstellation zwischen Mensch und Teufel inszeniert. Wenn der Mensch seine Vernunft dem Göttlichen nicht unterordnet, bleibt sein Streben nach einer höheren Wahrheit beim Teufel und damit in der Immanenz haften. Das menschliche Seelenheil lässt sich hingegen nur erreichen, wenn Beobachtung nicht rationale Erkenntnis, sondern Orientierung an Gott bedeutet.

Solche moralischen Vorstellungen von Wachsamkeit waren auch im frühneuzeitlichen Alltag durchaus präsent. Der zweite Teil des Hauptteils konnte jedoch zeigen, dass sich eine Tendenz dahingehend erkennen lässt, dass flugpublizistische Narrative vom Teufel vermehrt für die Verhandlung und Durchsetzung sozialer

Normen und Mechanismen der gesellschaftlichen Kontrolle nutzbar gemacht wurden. Im Flugblatt *Schaw=Platz/ Aller Schnadrigen/ Vielschwåtzigen/ Bapplerin* [...] (Abb. 8) konnte das zunächst am Beispiel des weit verbreiteten Figurentypus der geschwätzigen Frau und den damit einhergehenden negativen ökonomischen Folgen für die Gesellschaft gezeigt werden. Der Teufel tritt hierbei sowohl als Personifikation des unnützen Redens selbst oder zumindest als dessen Initiator in Erscheinung als auch als Figur, die ein im Inneren der Frauen bereits angelegtes Böses nur noch manifest werden lässt. Über diese zwischen äußerer und innerer Gefahr changierende Darstellung wird deutlich, dass der Teufel sich im Sinne einer schlechten Gewohnheit hinter einem jeden Gegenüber, aber auch im Selbst befinden könnte. Um sich vor dem dargestellten Sittenverfall zu schützen, gilt es, sich selbst und andere, das eigene Handeln und dasjenige anderer, in eigener Verantwortung aufmerksam zu beobachten und mit Blick auf eine potentiell teuflische Einflussnahme zu hinterfragen.

Das Wechselverhältnis dieser beiden durch den unklaren ontologischen Status des Teufels konstituierten Beobachtungsmodi kommt im Blatt *Erschrockenlicher gantz grausammer/ warhafftiger Spiegel* [...] (Abb. 12) besonders eindrücklich zum Vorschein. Hier wird die Teufelsfigur vordergründig dafür genutzt, die Sünde der *hoffart* anzuprangern. Das Publikum wird per Schockwirkung darauf aufmerksam gemacht, dass der Teufel durchaus – und immer noch – als Bedrohung für den Menschen ernst zu nehmen ist. Dabei ist es die markant bühnenhafte Modellierung der Szene als Beobachtungssituation zwischen bildimmanenten Akteuren und externen Betrachtenden, die hier besonders auffällt. Sie unterstreicht die Notwendigkeit gegenseitiger sozialer Kontrolle, indem Rezipierende vor allem durch die Spiegelmetaphorik dazu aufgerufen werden, konkret Wahrgenommenes – auch im eigenen Selbst – auf das dahinter oder darin wirkende Böse zu durchschauen. Gleichzeitig deutet die unklare bildimmanente Darstellung des Teufels als eigenständiger Akteur und zugleich schattenhafter Teil der Frau bereits auf die Problematik solcher Internalisierungsprozesse von Wachsamkeit hin.

Diese bezieht sich auf die Unbeobachtbarkeit des menschlichen Inneren. Eine solche Wahrnehmungsproblematik potenziert sich in den Verbrechensdarstellungen um ein Vielfaches. Denn hier geht es um verschwörerische und sogar mörderische Absichten, die den Tätern gerade nicht anhand äußerlich sichtbarer Zeichen abgelesen werden können. Das Flugblatt *Anno. 1.6.23. Quinto Novembris eo scripto dieque* [...] (Abb. 14) hat verdeutlicht, dass durch eine wachsame Beobachtung anderer zwar Verhaltensauffälligkeiten und damit potentiell auch unlautere Absichten erkannt werden können, eine solche Entdeckung zumindest für den Menschen aber am Ende zufällig bleibt. Auf dem Blatt wird versucht, dem Problem dadurch zu begegnen, dass zumindest zukünftige Täter klar identifizierbar werden. Dazu werden der Teufelsfigur selbst, die grundsätzlich für eine böse Gesinnung stehen kann, die äußeren Erkennungsmerkmale eines katholischen Geistlichen zugewiesen. Hierdurch kann und muss – zumindest aus Sicht des Verfassers – hinter dem gesamten katholischen Bevölkerungsteil der diabolische Feind angenommen werden. Besonders schwierig, einen teuflischen Widersacher als solchen zu entlarven, wird es dann, wenn er sich bereits in den eigenen sozialen Reihen befindet. Das wird auf dem Flugblatt WARHAFTE CONTRAFACTVR [...] (Abb. 17) deutlich. Der Teufel erscheint hier weniger als Teil des immanenten Geschehens als vielmehr als Hinweisfigur für die Rezipierenden. Durch die spezifische Inszenierung soll die Aufmerksamkeit externer Beobachtender darauf gelenkt werden, dass es Entscheidungsmomente und -orte gibt, die sich im menschlichen Inneren vollziehen und befinden, wodurch sie für andere gerade nicht beobachtbar sind. Im Blatt wird eine solche Unsichtbarkeit pointiert markiert. Im Umkehrschluss ist der Teufel dadurch immer, auch und vor allem in Situationen der sozialen Nähe zu vermuten.

Im letzten Kapitel des Hauptteils konnte schließlich gezeigt werden, zu welchen paradoxalen Kippmomenten eine dauerhaft eingeforderte Wachsamkeit gegenüber dem Teufel führen kann. Um ihre Botschaft wirksam zu vermitteln, bedienen sich die beiden Flugblätter *Newe zeytung/ Vnnd warhaffter Bericht eines Jesuiters* [...] (Abb. 19) sowie *Ein wunderbarliche Geschicht/ von dreyen Studenten* [...] (Abb. 22) hierbei gewissermaßen selbst der bildimmanent dargestellten Täuschung: Unter dem Deckmantel der Verunglimpfung illegitimer Verkleidungspraktiken geht es ihnen eigentlich darum, zu zeigen, dass eine Überfixierung auf teuflische Erscheinungen dazu führen kann, dass man Falsches wahrnimmt. Der Teufel taucht in beiden Blättern gar nicht mehr als konkrete Figur auf. Indem er nicht mehr als personal handelnder Feind in Erscheinung tritt, ist er selbst gewissermaßen unauffällig. Doch macht ihn gerade das besonders gefährlich. Denn sein Unwesen kann der Teufel offenbar auch und vor allem dann noch treiben, wenn er lediglich als Imagination die Vorstellung der Menschen bestimmt.

In der vorliegenden Arbeit konnte gezeigt werden, dass die medialen Möglichkeiten illustrierter Flugblätter, die Ambivalenz der Teufelsfigur und die damit einhergehenden wahrnehmungsbezogenen Implikationen und Wachsamkeitsproblematiken bildlich und textuell evident werden zu lassen, äußerst komplex sind. Illustrierte Flugblätter stellen nicht einfach nur dar – sie decken auf, machen aber auch Unsichtbarkeit sichtbar. Über die changierende Darstellung des Teufels als äußerlich beobachtbarer Feind und Zeichen innerer Selbstgefährdung wird ein Spannungsverhältnis zwischen Bild, Text und Rezeptionsebene erzeugt. Hierdurch wiederum erhöht sich die Wirkung der Flugblätter, denn die Aufmerksamkeit des Publikums wird nicht nur punktuell stimuliert. Durch die von der ambivalenten Darstellung des Teufels erzeugten Irritationsmomente wird individuelle Wachsamkeit *im* Rezeptionsprozesses erprobt und eine Aufrechterhaltung dieser Wachsamkeit *durch* ihn eingefordert.

Literaturverzeichnis

Quellen

Anno. 1.6.23. Quinto Novembris eo scripto dieque [Incipit]. Erscheinungsort nicht ermittelbar, [1623/ 1624]. In: Harms, Wolfgang (Hrsg.): *Deutsche illustrierte Flugblätter des 16. und 17. Jahrhunderts.* Bd. II. München 1980, Nr. 201, S. 356 f.

Aufweckende Stunden-Wache. Erscheinungsort nicht ermittelbar, [Mitte des 17. Jahrhunderts]. In: Harms, Wolfgang (Hrsg.): *Deutsche illustrierte Flugblätter des 16. und 17. Jahrhunderts.* Bd. III. Tübingen 1989, Nr. 106, S. 204 f.

[Bry, Johann Theodor de/Bry, Johann Israel:] *Warhafftige unnd eygentliche Beschreibung der allerschrecklichsten und grawsamsten Verrätherey so jemals erhört worden wieder die Königliche Maiestat derselben Gemahl und junge Printzen sampt dem gantzen Parlament zu Londen in Engeland fürgenommen.* Frankfurt am Main: Becker 1606 (VD17 23:233039X).

DEO trin-vni Britanniae bis ultori [...]. Amsterdam 1621. In: Harms, Wolfgang (Hrsg.): *Deutsche illustrierte Flugblätter des 16. und 17. Jahrhunderts.* Bd. II. München 1980, Nr. 193, S. 342 f.

Der Geistliche Ritter/ Das ist: Eygentliche Abbildung/ wie der Mensch nach Adams Fall mit seinem sündlichen Fleisch und Blut/ und mit seinen Geistlichen Feinden/ Sündt/ Todt und Teuffel/ täglich streiten und kämpffen muß/ auch wie er endtlich durch Christum den Sieg erlanget/ und das Feldt behalten thut. Erscheinungsort nicht ermittelbar, 1609 (VD17 1:091657K).

Der Schnader=Blauder=und Schwatzende Gänßmarck: Hie saget man den Gänsen/ wie wegen ihres Hänsen/ Sie offt zum Brunnen schwäntzen. Erscheinungsort nicht ermittelbar, [vor 1652] (VD17 12:666748R).

Die Böse Frau/ Das ist: Artige Beschreibung Der heut zu Tage in der Welt lebenden Bösen Weiber/ Wie nehmlich dieselben auff so unterschiedene Art und Weise/ nicht so wohl gegen ihre Männer/ als auch unter sich selbst/ und gegen männiglich/ ihr Boßheit außzüuben wissen/ In allerhand lustigen Begebenheiten lebendig vorgestellet von Pheroponandro. Erscheinungsort nicht ermittelbar, 1683 (VD17 7:645626W).

Die Geistliche Leytter/ mit ihren zweyen Leytterbaumen/ und neun Sprossen: Auß heyliger göttlicher Schrifft/ kürtzlichen zusammen gezogen/ Reymweis beschrieben/ und mit zugehöriger Figur gestellet ... Durch Wolffgangum Gretzelium/ Burgern und Teutschen Schreiber zu Znaym im Marggraffthumb Mahrern. Augsburg: Schultes [1605] (VD17 23:677840T).

Ein wunderlich Geschicht von dreyen Studenten einer mit namē Melcher Schuster der ander Jacob Hirsch der drit Jerg Dietman Was sie alle drey zu Mülhausen begangen haben vn̄ darob gericht worden in disem 73. jar den 25. Januarij. Jm Thon Mit lieb bin ich vmbfangen. Schweinfurt: Kröner 1573 (VD16 W 4638).

Geistliche außlegung des Christlichen Kriegsmans. Köln: Bussemacher 1609. In: Harms, Wolfgang (Hrsg.): *Deutsche illustrierte Flugblätter des 16. und 17. Jahrhunderts.* Bd. III. Tübingen 1989, Nr. 104, S. 200 f.

[Hanson, Peter:] *Offenbarung der newen erschröcklichen vnnd Teuflischen Landtlugen, so diß 1586. Jar wider die Societet Iesv im Reich vnd andern Landen hin vnd wider außgesprengt worden.* Ingolstadt 1586 (VD16 H 542).

[La Tour Landry, Geoffroy de/Marquart von Stein/Dürer, Albrecht]: *Der Ritter vom Turn von den Exempeln der gotsforcht vnd erberkait.* Basel: Furter 1493. Bayerische Staatsbibliothek München, Rar. 631, https://mdz-nbn-resolving.de/details:bsb00029711 [letzter Zugriff: 12.03.2023].

Lutherbibel: Deutsche Bibelgesellschaft 2017. https://www.die-bibel.de/bibeln/online-bibeln/lesen [letzter Zugriff: 27.02.2024].

[Meteren, Emmanuel van:] *Meteranus Novus, Das ist Warhafftige Beschreibung Deß Niederländischen Krieges : So wol was sich Denckwürtiges in dem gantzen Römischen Reich, auch in Franckreich, Hispanien, Engelland [...] zugetragen ; Nun aber in das Hochteutsch getrewlich vbergesetzt in Vier theil vnterscheiden in LV. Bücher abgetheilt vnd biß auff das Jahr 1638. continuirt [...] 2, Meterani novi oder Niederlandischer Historien Ander Theil : Darinnen warhafftig angezeigt, was sich vom Jahr 1605 bis 1620 zugetragen.* Amsterdam: Jansson 1640 (VD17 12:720076 V).

Moord op Jan van Wely. Erscheinungsort nicht ermittelbar, [1616]. Universität von Amsterdam, Allard Pierson Depot, OTM: Pr. G 13. https://hdl.handle.net/11245/3.20475 [letzter Zugriff: 12.03.2023].

Moord op Jan van Wely, juwelier te Amsterdam, 1616 Waerachtige afbeeldinge van Jan van Weli juwelier tot Amsterdam, met de bygevoechde moorders, door den moort aen hem begaen, hier figuerlijck voor oghen ghestelt, geschiet in s'Gravenhaghe den 1. Mey 1616. Noordelijke: Crispijn van de Passe 1616. http://hdl.handle.net/10934/RM0001.COLLECT.456288 [letzter Zugriff: 12.03.2023].

Mysterium Rationis Humanae Et certa ad salutem via: Das ist: Geheimnuß Menschlicher Vernunfft : sampt einer Andeutung/ wie man den gewissen Weg zur Seligkeit treffen könne. Erscheinungsort nicht ermittelbar, [1640] (VD17 23:679647U).

Nawe Zeitung,|| Wie ein Jesuwider in Teuf=||fels gestalt, ein Euangelisch Mensch von Jhrem || Glauben wollen abschrecken, vnd darüber erstochen worden,|| Geschehen in Augspurg, Anno 1569.|| Andere Zeitunge,|| Auch von einem Jesuwider, Wie der zu Wien inn || Oesterreich sich vnterstanden, die Todten lebendig zu machen,|| darüber einen armen Mann vmbs leben bracht, vnd ent=||lauffen müssen, Anno 69.||. Erscheinungsort nicht ermittelbar, 1569 (VD16 N 1049).

Newe zeytung/ Vnnd warhaffter Bericht eines Jesuiters/ welcher inn Teüffels gestalt sich angethan/ in welcher gestalt/ er ein Euangelische Magd/ von ihrem [...]: Geschehen in Augspurg/ Anno 1569. [Hof an der Saale?] [1569]. Zentralbibliothek Zürich, PAS II 12/74. https://doi.org/10.7891/e-manuscripta-91980 [letzter Zugriff: 12.03.2023].

Relation Oder Kurtz und eygentliche Erzehlung der jüngst gegen dem Durchleuchtigsten/ Großmechtigsten Fürsten und Herrn/ Herrn Jacobum den VI. König in groß Britannien und Franckreich/ und dessen versamblete Ritterschafft und Landstände/ fürgenommen grewlicher Conspiration unnd Verräherey: Auß dem Original in Englischer Sprach außgangen und zu Londen getruckten Königlichen Edicten verteutscht und ubergesetzt; Erstlich gedruckt zu Cölln. Köln 1606 (VD 17 1:068043 L).

SCALA COELI ET INFERNI EX DIVO BERNARDO. Erscheinungsort nicht ermittelbar, [1620] (VD17 1:089719 L).

Schaw=Platz/ Aller Schnadrigen/ Vielschwätzigen/ Bapplerin welcher größter Lust und Freud ist/ ihr Zeit mit Nachtheil Jedermänniglichen/ und Versaumung ihrer Arbeit mit Schwapplen auff dem Schwatz-Marck zu zubringen. Neben kurtzer Erzehlung etlicher Früchten so darauß erwachsen und entspringen. In: Harms, Wolfgang (Hrsg.): *Deutsche illustrierte Flugblätter des 16. und 17. Jahrhunderts*. Bd. I. Tübingen 1985, Nr. 145, S. 300f.

Spiegel Menschliches Lebens. Speyer 1619. In: Harms, Wolfgang/Paas, John Roger/Schilling, Michael/ Wand, Andreas (Hrsg.): *Illustrierte Flugblätter des Barock. Eine Auswahl.* Tübingen 1983, S. 29.

SPIRITALE XIANI MILITIS CERTAMEN. In: Harms, Wolfgang (Hrsg.): *Deutsche illustrierte Flugblätter des 16. und 17. Jahrhunderts.* Bd. IV. Tübingen 1987, Nr. 2, S. 6f.

Theatrum Europaeum, oder außführliche und warhafftige Beschreibung aller und jeder denckwürdiger Geschichten, so sich hin und wieder in der Welt, fürnemblich aber in Europa und Teutschlanden, sowol im Religion- als Prophan-Wesen, vom Jahr Christi ... biß auff das Jahr ... exclus. ... sich zugetragen [1]. 1617 biß 1629 excl. mit vieler fürnemher Herrn und Potentaten Contrafacturen, wie auch berühmter Städten, Vestungen, Pässen, Schlachten und Belägerungen eygentlichen

Delineationen und Abrissen gezieret gezieret, und jetzo zum drittenmahl, nach beschehener Revision und Verbesserung, an Tag gegeben und verlegt, Durch Weyland Matthaei Merians seel. Erben in Franckfurt. Frankfurt am Main: Merian 1662. Universitätsbibliothek Augsburg, 02/IV.13.2.26 – 1. https://nbn-resolving.org/urn:nbn:de:bvb:384-uba000236-6 [letzter Zugriff: 12. 03. 2023].

Warhafftige || Newe zeytung/ vnnd erschroe=||ckenliche Geschicht/ die zu Andtorff || geschehen von eines Kauffmans Toch=||ter/ so grossen vbermut mit dicken Kroe=||sen getrieben/ vnd den Sathan gerufft || jhre zu helffen. Die Kroeß nach aller hof=||fart zu stellen/ das thet nun der Teuffel/||ließ sich brauchen vnd halff jhr/ doch mit || jhrem verderblichem schaden/|| drœhet er jhr den halß || vmb.|| Jm Thon/||| Hilff Gott das mir gelinge/ [et]c.|| Das Ander.|| Von dem jetzigen Pracht/ etlicher || Jungfrawen vnd Mægden.|| Jm Thon/||| Kompt her zu mir spricht Gottes/ [et]c.|| (A.W.|||). Köln: Weiß 1583 (VD16 V 2604).

Warhafte Contrafactur, Desz Furtreffelichen Edelstein und Kleinodien Kaufmans Iohan von Wely Burger zu Amsterdam, unnd klare Beschreibung, wie groulich derselb ins Graven-Hag ermord ist am 14. Martii A ° 1616. von zweyen Frantzosen, welch irre beeldtnis neben dess Kauffmann Contrafactur gestellet seyn, und am 16. Maii noch desselben Iaers daselbst gerichtet seindt. Erscheinungsort nicht ermittelbar, [1616] (VD17 23:677097 L).

[Wick, Johann Jakob:] *Zwo erschröckliche vnd wahrhaffte newe Zeytung*. Köln: Schreiber 1584. https://uzb.swisscovery.slsp.ch/permalink/41SLSP_UZB/rloemb/alma990055528790205508 [letzter Zugriff: 12. 03. 2023].

[Wick, Johann Jakob:] *Erschrockenlicher gantz grausamer/ warhafftiger Spiegel/ des von Gott langest verdampten vnd ewig verfluchten/ jetzt aber sehr gemeinen Lasters der Hoffart*. St. Gallen: Straub 1583. https://uzb.swisscovery.slsp.ch/permalink/41SLSP_UZB/rloemb/alma990055278860205508 [letzter Zugriff: 12. 03. 2023].

[Wick, Johann Jakob:] *Ein wunderbarliche Geschicht/ von dreyen Studenten/ was sie alle drey zu Mülhausen begangen haben/ vnd darob Gericht worden/ in disem 1573. Jar/ den 25. Januarij*. Augsburg: [Moser] 1573. https://uzb.swisscovery.slsp.ch/permalink/41SLSP_UZB/rloemb/alma990053882430205508 [letzter Zugriff: 12. 03. 2023].

[Wick, Johann Jakob:] *Newe zeytung/ Vnnd warhaffter Bericht eines Jesuiters/ welcher inn Teüffels gestalt sich angethan/ in welcher gestalt/ er ein Euangelische Magd/ von ihrem Glauben abzůschrecken vermeint/ vnd darob erstochen ward : Geschehen in Augspurg/ Anno 1569*. [Hof an der Saale], [1569]. https://uzb.swisscovery.slsp.ch/permalink/41SLSP_UZB/rloemb/alma990053801460205508 [letzter Zugriff: 14. 03. 2023].

[Wick, Johann Jakob:] *[Ein als Teufel verkleideter Jesuit wurde 1569 in Augsburg von einem Knecht evangelischen Glaubens erstochen, weil er zuvor eine Magd erschreckt hatte]*. Erscheinungsort nicht ermittelbar, [1568]. https://swisscovery.slsp.ch/permalink/41SLSP_NETWORK/1ufb5t2/alma991034539439705501 [letzter Zugriff: 12. 03. 2022].

Forschungsliteratur

Adam, Wolfgang: Theorien des Flugblatts und der Flugschrift. In: Leonhard, Joachim-Felix/Ludwig, Hans-Werner/Schwarze, Dietrich/Straßner, Erich (Hrsg.): *Medienwissenschaft. Ein Handbuch zur Entwicklung der Medien und Kommunikationsformen*. Bd. I. Berlin/New York 1999, S. 132 – 142.

Alsheimer, Rainer: Katalog protestantischer Teufelserzählungen des 16. Jahrhunderts. In: Brückner, Wolfgang (Hrsg.): *Volkserzählung und Reformation. Ein Handbuch zur Tradierung und Funktion von Erzählstoffen und Erzählliteratur im Protestantismus*. Berlin 1974, S. 417 – 519.

Appelbaum, Robert: Milton, the Gunpowder Plot, and the Mythography of Terror. In: *Modern Language Quarterly* 68 (2007), S. 461–491.
Assmann, Aleida/Assmann, Jan: *Aufmerksamkeiten*. München 2001.
Asmussen, Tina: *wir werden ja vmb deinen willen teglich erwürget/ vnd sind geacht wie Schlachtschaffe*. Medialisierung und Funktionalisierung von Gewalt in Flugblättern der Wickiana. In: Messerli, Alfred/Schilling, Michael (Hrsg.): *Die Intermedialität des Flugblatts in der Frühen Neuzeit*. Stuttgart 2015, S. 113–133.
Bangerter-Schmid, Eva-Maria: *Erbauliche illustrierte Flugblätter aus den Jahren 1570–1670*. Frankfurt am Main 1986.
Bauer, Matthias/Zirker, Angelika: Shakespeare und die Bilder der Vorstellung: „The soul's imaginary sight" im 27. Sonett. In: Robert, Jörg (Hrsg.): *Intermedialität in der Frühen Neuzeit*. Berlin/Boston 2017, S. 39–54.
Behringer, Wolfgang: ‚Kommunikation'. In: *Enzyklopädie der Neuzeit*. Bd. 6. Stuttgart 2007, Sp. 995–1018.
Behringer, Wolfgang: ‚Piazza'. In: *Enzyklopädie der Neuzeit*. Bd. 10. Stuttgart 2009, Sp. 7–12.
Bellingradt, Daniel: *Flugpublizistik und Öffentlichkeit um 1700. Dynamiken, Akteure und Strukturen im urbanen Raum des Alten Reichs*. Stuttgart 2011.
Bergengruen, Maximilian: *Die Formen des Teufels. Dämonologie und literarische Gattung in der Frühen Neuzeit*. Göttingen 2021.
Blauert, Andreas/Schwerhoff, Gerd (Hrsg.): *Kriminalitätsgeschichte. Beiträge zur Sozial- und Kulturgeschichte der Vormoderne*. Konstanz 2000.
Blümle, Claudia: Augenblick oder Gleichzeitigkeit. Zur Simultaneität im Bild. In: Hubmann, Philipp (Hrsg.): *Simultaneität: Modelle der Gleichzeitigkeit in den Wissenschaften und Künsten*. Bielefeld 2013, S. 37–56.
Bockmann, Jörn/Gold, Julia (Hrsg..): *Turpiloquium. Kommunikation mit Teufeln und Dämonen in Mittelalter und Früher Neuzeit*. Würzburg 2017.
Brendecke, Arndt: Wachsame Arrangements. Zeitverläufe von Vigilanz in ethologischer, psychologischer und geisteswissenschaftlicher Forschung. In: Brendecke, Arndt/Reichlin, Susanne (Hrsg.): *Zeiten der Wachsamkeit*. Berlin/Boston 2022, S. 13–35.
Brendecke, Arndt: Attention and Vigilance as Subjects of Historiography. An Introductory Essay. In: Brendecke, Arndt/Molino, Paola (Hrsg.): *The History and Cultures of Vigilance. Historicizing the Role of Private Attention in Society*. Rom 2019, S. 17–28.
Brendecke, Arndt: Papierfluten. Anwachsende Schriftlichkeit als Pluralisierungsfaktor in der Frühen Neuzeit. In: *Mitteilungen des Sonderforschungsbereichs 573* (2006), S. 21–30.
Brendecke, Arndt/Reichlin, Susanne (Hrsg.): *Zeiten der Wachsamkeit*. Berlin/Boston 2022.
Casanova, Christian: *Nacht-Leben. Orte, Akteure und obrigkeitliche Disziplinierung in Zürich, 1523–1833*. Zürich 2007.
Coupe, William A.: *The German illustrated broadsheet in the seventeenth century. Historical and iconographical studies*. Bd. 2. Baden-Baden 1967.
Coupe, William A.: *The German illustrated broadsheet in the seventeenth century. Historical and iconographical studies*. Bd. 1. Baden-Baden 1966.
Däumer, Matthias: Art. ‚Krone'. In: Butzer, Günter/Jacob, Joachim (Hrsg.): *Metzler Lexikon literarischer Symbole*. Stuttgart ³2021, S. 344–345.
Delort, R.: ‚Katze'. In: *Lexikon des Mittelalters*. Bd. 5. München 2003, Sp. 1078–1080.
Delumeau, Jean: *La peur en occident (XIVe–XVIIIe siècles). Une cité assiégée*. Paris 1978.
Di Nola, Alfonso Maria: *Der Teufel. Wesen, Wirkung, Geschichte*. München 1993.

Dinges, Martin: Justiznutzung als soziale Kontrolle in der Frühen Neuzeit. In: Blauert, Andreas/ Schwerhoff, Gerd (Hrsg.): *Kriminalitätsgeschichte. Beiträge zur Sozial- und Kulturgeschichte der Vormoderne.* Konstanz 2000, S. 503–544.

Dinges, Martin: Von der „Lesbarkeit der Welt" zum universalisierten Wandel durch individuelle Strategien. Die soziale Funktion der Kleidung in der höfischen Gesellschaft. In: *Saeculum* 44 (1993), S. 90–112.

Dinkler-von Schubert, Erika: ‚Schlaf'. In: *Lexikon der christlichen Ikonographie.* Bd. 4. Freiburg 1972, Sp. 72–75.

Dinzelbacher, Peter (Hrsg.): *Handbuch der Religionsgeschichte im deutschsprachigen Raum.* Bd. 2. Paderborn 2012.

Dinzelbacher, Peter: *Angst im Mittelalter. Teufels-, Todes- und Gotteserfahrung.* Paderborn [u.a.] 1996.

Dohrn-van Rossum, G.: ‚Uhr'. In: *Lexikon des Mittelalters.* Bd. 8. Stuttgart 1999, Sp. 1183–1184.

Dormann, Helga: ‚Eule'. In: *Metzler Lexikon literarischer Symbole.* Stuttgart ³2021, S. 155–157.

Dülmen, Richard van: *Theater des Schreckens. Gerichtspraxis und Strafrituale in der frühen Neuzeit.* München 2014.

Dülmen, Richard van: *Die Entdeckung des Individuums. 1500–1800.* Frankfurt am Main 1997.

[DWDS] Art. 'Wimmelbild'. Digitales Wörterbuch der Deutschen Sprache, *https://www.dwds.de/wb/ Wimmelbild [letzter Zugriff: 02.01.2023].*

Eming, Jutta/Fuhrmann, Daniela (Hrsg.): *Der Teufel und seine poietische Macht in literarischen Texten vom Mittelalter zur Moderne.* Berlin/Boston 2021.

Fahrmeir, Andreas: Art. ‚Bürgertum'. In: *Enzyklopädie der Neuzeit.* Bd. 2. Stuttgart 2005, Sp. 583–594.

Fehr, Hans: *Massenkunst im 16. Jahrhundert.* Berlin 1924.

Flasch, Kurt: *Der Teufel und seine Engel. Die neue Biographie.* München 2015.

Flemming, Willi: *Deutsche Kultur im Zeitalter des Barocks.* Konstanz ²1960.

Flusser, Vilém: *Die Geschichte des Teufels.* Berlin ³2006.

Franck, Georg: *Ökonomie der Aufmerksamkeit. Ein Entwurf.* München 1998.

Gaulke, Karsten: ‚Teleskop'. In: *Enzyklopädie der Neuzeit.* Bd. 13. Stuttgart 2011, Sp. 352–355.

Gersmann, Gudrun: ‚Hofadel'. In: *Enzyklopädie der Neuzeit.* Bd. 5. Stuttgart 2007, Sp. 591–593.

Gestrich, Andreas: ‚Privatheit'. In: *Enzyklopädie der Neuzeit.* Bd. 10. Stuttgart 2009, Sp. 366–372.

Goetz, Hans-Werner: *Gott und die Welt. Religiöse Vorstellungen des frühen und hohen Mittelalters.* Teil 1. Bd. 3/IV: *Die Geschöpfe: Engel, Teufel, Menschen.* Göttingen 2016.

Grabes, Herbert: *Speculum, Mirror und Looking-Glass. Kontinuität und Originalität der Spiegelmetapher in den Buchtiteln des Mittelalters und der englischen Literatur des 13. bis 17. Jahrhunderts.* Tübingen 1973.

Grave, Johannes: *Bild und Zeit. Eine Theorie des Bildbetrachtens.* München 2022.

Greyerz, Kaspar von/Conrad, Anne/Dinzelbacher, Peter (Hrsg.): *Handbuch der Religionsgeschichte im deutschsprachigen Raum.* Bd. 4. Parderborn 2012.

Griesse, Malte: Aufstandsprävention in der Frühen Neuzeit: Länderübergreifende Wahrnehmungen von Revolten und Verrechtlichungsprozesse. In: de Benedictis, Angela/Härter, Karl (Hrsg.): *Revolten und politische Verbrechen zwischen dem 12. und 19. Jahrhundert. Rechtliche Reaktionen und juristisch-politische Diskurse.* Frankfurt am Main 2013, S. 173–209.

Grimm, Heinrich: Die deutschen „Teufelbücher" des 16. Jahrhunderts. Ihre Rolle im Buchwesen und ihre Bedeutung. In: *Archiv für die Geschichte des Buchwesens.* Bd. 2, S. 513–584.

Grimm, Jacob: Cap. XXXIII. Teufel. In: Ders.: *Deutsche Mythologie.* Bd. 2. Göttingen ²1844, S. 936–982.

Härter, Karl: Early Modern Revolts as Political Crimes in the Popular Media of Illustrated Broadsheet. In: Griesse, Malte (Hrsg.): *From Mutual Observation to Propaganda War. Premodern Revolts in Their Transnational Representations.* Bielefeld 2014, S. 309-350.

Härter, Karl: Revolten, politische Verbrechen, rechtliche Reaktionen und juristisch-politische Diskurse: einleitende Bemerkungen. In: de Benedictis, Angela/Härter, Karl (Hrsg.): *Revolten und politische Verbrechen zwischen dem 12. und 19. Jahrhundert. Rechtliche Reaktionen und juristisch-politische Diskurse.* Frankfurt am Main 2013, S. 1-13.

Härter, Karl/Graaf, Beatrice de: Vom Majestätsverbrechen zum Terrorismus: Politische Kriminalität, Recht, Justiz und Polizei zwischen Früher Neuzeit und 20. Jahrhundert. In: Dies. (Hrsg.): *Vom Majestätsverbrechen zum Terrorismus. Politische Kriminalität, Recht, Justiz und Polizei zwischen Früher Neuzeit und 20. Jahrhundert.* Frankfurt am Main 2012, S. 1-22.

Harms, Wolfgang [u. a.] (Hrsg.): *Deutsche illustrierte Flugblätter des 16. und 17. Jahrhunderts.* Kommentierte Ausgabe. 7 Bde. Tübingen 1985-2018.

Harms, Wolfgang: *Bildlichkeit als Potential in Konstellationen. Text und Bild zwischen autorisierenden Traditionen und aktuellen Intentionen (15. bis 17. Jahrhundert).* Berlin 2007.

Harms, Wolfgang: Das illustrierte Flugblatt in Verständigungsprozessen innerhalb der frühneuzeitlichen Kultur. In: Harms, Wolfgang/Messerli, Alfred (Hrsg.): *Wahrnehmungsgeschichte und Wissensdiskurs im illustrierten Flugblatt der Frühen Neuzeit.* Basel 2002, S. 11-21.

Harms, Wolfgang: Feindbilder im illustrierten Flugblatt der Frühen Neuzeit. In: Bosbach, Franz (Hrsg.): *Feindbilder. Die Darstellung des Gegners in der politischen Publizistik des Mittelalters und der Neuzeit.* Köln [u. a.] 1992, S. 141-177.

Harms, Wolfgang: Einleitung zur zweiten Sektion. In: Ders. (Hrsg.): *Text und Bild, Bild und Text. DFG-Symposium 1988.* Stuttgart 1990, S. 133-136.

Harms, Wolfgang: Lateinische Texte illustrierter Flugblätter. Der Gelehrte als möglicher Adressat eines breit wirksamen Mediums der Frühen Neuzeit. In: Grubmüller, Klaus/Hess, Günther (Hrsg.): *Bildungsexklusivität und volkssprachliche Literatur/Literatur vor Lessing - nur für Experten?* Tübingen 1986, S. 74-84.

Harms, Wolfgang: *Studien zur Bildlichkeit des Weges.* München 1970.

Harms, Wolfgang (Hrsg.)/Rattay, Beate (Bearb.): *Illustrierte Flugblätter aus den Jahrhunderten der Reformation und der Glaubenskämpfe.* Coburg 1983.

Harms, Wolfgang/Schilling, Michael: *Das illustrierte Flugblatt der frühen Neuzeit. Traditionen - Wirkungen - Kontexte.* Stuttgart 2008.

Hempel, Leon/Krasmann, Susanne/Bröckling, Ulrich (Hrsg.): *Sichtbarkeitsregime. Überwachung, Sicherheit und Privatheit im 21. Jahrhundert.* Wiesbaden 2011.

Herman, Peter C.: *Unspeakable. Literature and Terrorism form the Gunpowder Plot to 9/11.* New York/London 2020.

Holenstein, Pia/Schindler, Norbert: Geschwätzgeschichte(n). Ein kulturhistorisches Plädoyer für die Rehabilitierung der unkontrollierten Rede. In: Dülmen, Richard van (Hrsg.): *Dynamik der Tradition. Studien zur historischen Kulturforschung IV.* Frankfurt am Main 1992, S. 41-108.

Holl, Oskar: ‚Herz'. In: *Lexikon der christlichen Ikonographie.* Bd. 2. Freiburg 1970, Sp. 248-250.

Holtz, Sabine: Das Luthertum. In: Greyerz, Kaspar von/Conrad, Anne (Hrsg.): *Handbuch der Religionsgeschichte im deutschsprachigen Raum. 1650-1750.* Bd. 4. Paderborn 2012, S. 145-310.

Hrubá, Michaela: Bürgerinnen und Bürger in den Kommunikationsnetzwerken der frühneuzeitlichen Stadt. (Der Wandel der Kommunikation vor dem städtischen Gericht als Bestandteil der Transformation der Städte am Beginn der Frühen Neuzeit). In: Holý, Martin/Hrubá, Michaela/

Sterneck, Tomáš (Hrsg.): *Die frühneuzeitliche Stadt als Knotenpunkt der Kommunikation.* Berlin 2019, S. 191–207.

Hünemörder, Ch.: ‚Greifvögel'. In: *Lexikon des Mittelalters.* Bd. 4. Stuttgart 1999, Sp. 1696–1698.

Kaute, Lore: ‚Allegorie'. In: *Lexikon der christlichen Ikonographie.* Bd. 1. Freiburg 1968, Sp. 97–100.

Kellner, Beate/Reichlin, Susanne: Wachsame Selbst- und Fremdbeobachtung im Rahmen von Sündenerkenntnis, Reue und Beichte – eine Einleitung. In: Butz, Magdalena/Kellner, Beate/Reichlin, Susanne/Rugel, Agnes: *Sündenerkenntnis, Reue und Beichte. Konstellationen der Selbstbeobachtung und Fremdbeobachtung in der mittelalterlichen volkssprachlichen Literatur* (Zeitschrift für Deutsche Philologie 141). Berlin 2022, S. 1–50.

Kelly, Henry Ansgar: *Satan. A Biography.* Cambridge 2006.

Kiening, Christian: *Zwischen Körper und Schrift. Texte vor dem Zeitalter der Literatur.* Frankfurt am Main 2003.

Kiening, Christian: Privatheit und Innerlichkeit. Figuren des Todes an der Schwelle zur Neuzeit. In: Melville, Gert/ Moos, Peter von: *Das Öffentliche und das Private in der Vormoderne.* Köln [u. a.] 1998, S. 527–545.

Klug, Nina-Maria: *Das konfessionelle Flugblatt 1563–1580. Eine Studie zur historischen Semiotik und Textanalyse.* Berlin/Boston 2012.

Koslowski, Peter: Die Vernunft des Glaubens und der Glaube der Vernunft. Einleitung. In: Koslowski, Peter/Hauk, Anna Maria (Hrsg.): *Die Vernunft des Glaubens und der Glaube der Vernunft. Die Enzyklika* Fides et Ratio *in der Debatte zwischen Philosophie und Theologie.* München 2007, S. 1–3.

Krause, Detlef: *Luhmann-Lexikon. Eine Einführung in das Gesamtwerk von Niklas Luhmann.* Stuttgart ^{4}2005.

Krischer, André: Verräter, Verschwörer, Terroristen. Juristische Klassifikationen gesellschaftlicher Wahrnehmungen und Visualisierungen von politischer Delinquenz und kollektiver Bedrohung in Großbritannien, 16.–19. Jahrhundert. In: Härter, Karl/Graaf, Beatrice de (Hrsg.): *Vom Majestätsverbrechen zum Terrorismus. Politische Kriminalität, Recht, Justiz und Polizei zwischen Früher Neuzeit und 20. Jahrhundert.* Frankfurt am Main 2012, S. 103–160.

Lauer, Claudia: *uß slafes twalm*. Peters von Reichenbach „Hort" im Spannungsfeld von christlicher Bewusstwerdung und göttlichem Erkennen. In: Butz, Magdalena/Kellner, Beate/Reichlin, Susanne/Rugel, Agnes: *Sündenerkenntnis, Reue und Beichte. Konstellationen der Selbstbeobachtung und Fremdbeobachtung in der mittelalterlichen volkssprachlichen Literatur* (Zeitschrift für Deutsche Philologie 141). Berlin 2022, S. 279–303.

Landwehr, Achim: *Policey im Alltag. Die Implementation frühneuzeitlicher Policeyordnungen in Leonberg.* Frankfurt am Main 2000.

Löhdefink, Jan: *Zeiten des Teufels. Teufelsvorstellungen und Geschichtszeit in frühreformatorischen Flugschriften (1520–1526).* Tübingen 2018.

Löffler, Petra: *Verteilte Aufmerksamkeit. Eine Mediengeschichte der Zerstreuung.* Zürich/Berlin 2014.

Lüneburg, Marie von: *Tyrannei und Teufel. Die Wahrnehmung der Inquisition in deutschsprachigen Druckmedien im 16. Jahrhundert.* Wien [u. a.] 2020.

Luhmann, Niklas: *Die Religion der Gesellschaft.* Hrsg. von André Kieserling. Frankfurt am Main 2002 (stw 1581).

Luhmann, Niklas: *Die Kunst der Gesellschaft.* Frankfurt am Main ^{3}1999 (stw 1303).

Luhmann, Niklas: *Die Gesellschaft der Gesellschaft.* Zweiter Teilbd. Frankfurt am Main 1998 (stw 1360).

Margolin, J.-C.: ‚Copia'. In: Ueding, Gert (Hrsg.): *Historisches Wörterbuch der Rhetorik.* Bd. 2. Tübingen 1994.

Melville, Gert/Moos, Peter von: Vorbemerkungen. In: Dies. (Hrsg.): *Das Öffentliche und Private in der Vormoderne.* Köln 1998, S. XIII–XVII.

Messerli, Alfred: War das illustrierte Flugblatt ein Massenlesestoff? Überlegungen zu einem Paradigmenwechsel in der Erforschung seiner Rezeption. In: Harms, Wolfgang/Messerli, Alfred (Hrsg.): *Wahrnehmungsgeschichte und Wissensdiskurs im illustrierten Flugblatt der Frühen Neuzeit.* Basel 2002, S. 23–31.

Messerli, Alfred: Intermedialität. In: Messerli, Alfred/Schilling, Michael (Hrsg.): *Die Intermedialität des Flugblatts in der Frühen Neuzeit.* Stuttgart 2015, S. 9–23.

Mintzel, Alf: *Hofer Einblattdrucke und Flugschriften des 16. und 17. Jahrhunderts. Eine Dokumentation von 29 Exemplaren.* Hof 2000.

Moos, Peter von: Das Öffentliche und das Private im Mittelalter. Für einen kontrollierten Anachronismus. In: Melville, Gert/Moos, Peter von (Hrsg.): *Das Öffentliche und Private in der Vormoderne.* Köln 1998, S. 3–83.

Morét, Stefan: ‚Brunnen'. 2. Gestalterische und künstlerische Aspekte. In: *Enzyklopädie der Neuzeit.* Bd. 2. Stuttgart 2005, Sp. 469–473.

Müller, Jan-Dirk: *Curiositas* und *erfarung* der Welt im frühen deutschen Prosaroman. In: Grenzmann, Ludger/Stackmann, Karl (Hrsg.): *Literatur und Laienbildung im Spätmittelalter und in der Reformationszeit. Symposium Wolfenbüttel 1981.* Stuttgart 1984, S. 252–271.

Müller, Jürgen E.: Mediale Netzwerke und Intermedialität in der Frühen Neuzeit. In: Robert, Jörg (Hrsg.): *Intermedialität in der Frühen Neuzeit.* Berlin/Boston 2017, S. 153–179.

Münkner, Jörn: Bild, Text und Handspiel. Zur Mehrfachkodierung von Flugblättern. In: Messerli, Alfred/Schilling, Michael (Hrsg.): *Die Intermedialität des Flugblatts in der Frühen Neuzeit.* Stuttgart 2015, S. 215–230.

Münkner, Jörn: *Eingreifen und Begreifen. Handhabungen und Visualisierungen in Flugblättern der Frühen Neuzeit.* Berlin 2008.

Münkner, Jörn: Himmlische Lichtspiele in frühneuzeitlichen Einblattdrucken. In: Lechtermann, Christina/Wandhoff, Haiko (Hrsg.): *Licht, Glanz, Blendung. Beiträge zu einer Kulturgeschichte des Leuchtenden.* Bern 2008, S. 151–176.

Münkner, Jörn: Verführung der Augen. Imaginationslenkung in Flugblättern. In: Starkey, Kathryn/Wenzel, Horst (Hrsg.): *Imagination und Deixis. Studien zur Wahrnehmung im Mittelalter.* Stuttgart 2007, S. 191–207.

Münkner, Jörn: Formen „instrumentellen Sehens" in illustrierten Flugblättern der Frühen Neuzeit. In: *Das Mittelalter* 9 (2004), S. 77–86.

Muchembled, Robert: *Une histoire du diable. XIIe–XXe siècle.* Paris 2002.

Nelson, Robert S. (Hrsg.): *Visuality Before and Beyond the Renaissance. Seeing as Others Saw.* Cambridge 2000.

Newald, R.: ‚Marqaurt von Stein'. In: *Die Deutsche Literatur des Mittelalters. Verfasserlexikon.* Bd. III. Berlin 1943, Sp. 275–277.

Niemetz, Michael: Rhetorische Strategien und Funktionen des Antijesuitismus: Zwei Kontroversen aus der nachwestfälischen Epoche. In: Decot, Rolf (Hrsg.): *Konfessionskonflikt, Kirchenstruktur, Kulturwandel. Die Jesuiten im Reich nach 1556.* Mainz 2007, S. 165–183.

Okines, A.: Why Was There so Little Government Reaction to Gunpowder Plot? In: *The Journal of Ecclesiastical History* 55 (2004), S. 275–292.

Osborn, Max: *Die Teufelliteratur des XVI. Jahrhunderts.* Reprografischer Nachdruck der Ausgabe Berlin 1893. Hildesheim 1965.

Paas, John-Roger: *The German Political Broadsheet 1600–1700.* Bd. 1. Wiesbaden 1985.

Painter, Ursula: Katechismus und Polemik – Antijesuitische ‚Kontroverskatechismen' in der zweiten Hälfte des 16. Jahrhundert. In: Decot, Rolf (Hrsg.): *Konfessionskonflikt, Kirchenstruktur, Kulturwandel. Die Jesuiten im Reich nach 1556.* Mainz 2007, S. 139–164.

Pfisterer, Ulrich: ‚Wahrnehmung'. In: *Metzler Lexikon Kunstwissenschaft: Ideen, Methoden, Begriffe.* Stuttgart 2019.

Prinz, Wolfgang: *Selbst im Spiegel. Die soziale Konstruktion von Subjektivität.* Übers. v. Jürgen Schröder. Berlin 2016.

Rajewsky, Irina O.: *Intermedialität.* Tübingen/Basel 2002.

Reichlin, Susanne: Wachen und Warten. Erwartungsstrukturen in der Oberaltaicher Adventspredigt Nr. 5. In: Brendecke, Arndt/Reichlin, Susanne (Hrsg.): *Zeiten der Wachsamkeit.* Berlin/Boston 2022, S. 37–59.

Reichlin, Susanne: Wer weckt mich? Die Geheimnishaftigkeit der Wächterstimme im geistlichen Wecklied *Jch wachter* (RSM PeterA/3/1 h). In: Eming, Jutta/Wels, Volkhard (Hrsg.): *Darstellung und Geheimnis in Mittelalter und Früher Neuzeit.* Wiesbaden 2021.

Rimmele, Marius/Stiegler, Bernd: *Visuelle Kulturen/Visual Culture zur Einführung.* Hamburg 2012.

Röhrich, Lutz: Art. ‚Zetermordio'. In: Ders. (Hrsg.): *Das große Lexikon der sprichwörtlichen Redensarten.* Freiburg i.Br. 1992, S. 1769 f.

Röhrich, Lutz: German Devil Tales and Devil Legends. In: *Journal of the Folklore Institute* 7 (1970), S. 21–35.

Robert, Jörg: Intermedialität in der Frühen Neuzeit – Genealogien und Perspektiven. In: Ders. (Hrsg.): *Intermedialität in der Frühen Neuzeit.* Berlin/Boston 2017, S. 3–17.

Roeck, Bernd: *Lebenswelt und Kultur des Bürgertums in der Frühen Neuzeit.* München 2011.

Rohls, Jan: Fides und Ratio aus der Sicht der evangelischen Theologie. In: Koslowski, Peter/Hauk, Anna Maria (Hrsg.): *Die Vernunft des Glaubens und der Glaube der Vernunft. Die Enzyklika* Fides et Ratio *in der Debatte zwischen Philosophie und Theologie.* München 2007, S. 83–108.

Roskoff, Georg Gustav: *Geschichte des Teufels.* Leipzig 1869.

Rublack, Hans-Christoph: Grundwerte in der Reichsstadt im Spätmittelalter und in der Frühen Neuzeit. In: Brunner, Horst (Hrsg.): *Literatur in der Stadt. Bedingungen und Beispiele städtischer Literatur des 15. bis 17. Jahrhunderts.* Göppingen 1982, S. 9–36.

Rugel, Agnes: *Von jm ich nymmer schaide.* Zur Bekehrung des *grossen sünders* im Hohenfurter Liederbuch. In: Butz, Magdalena/Kellner, Beate/Reichlin, Susanne/Rugel, Agnes: *Sündenerkenntnis, Reue und Beichte. Konstellationen der Selbstbeobachtung und Fremdbeobachtung in der mittelalterlichen volkssprachlichen Literatur* (Zeitschrift für Deutsche Philologie 141). Berlin 2022, S. 305–325.

Schenda, Rudolf: Bilder vom Lesen – Lesen von Bildern. In: *Internationales Archiv für Sozialgeschichte der deutschen Literatur* (1987), S. 82–106.

Schilling, Heinz: *Die Stadt in der Frühen Neuzeit.* München 2004.

Schilling, Heinz: Disziplinierung oder ‚Selbstregulierung der Untertanen'. Ein Plädoyer für die Doppelperspektive von Makro- und Mikrohistorie bei der Erforschung der frühmodernen Kirchenzucht. In: *Historische Zeitschrift* 264 (1997), S. 675–691.

Schilling, Michael: Das Flugblatt der Frühen Neuzeit als Paradigma einer Historischen Intermedialitätsforschung. In: Messerli, Alfred/Schilling, Michael (Hrsg.): *Die Intermedialität des Flugblatts in der Frühen Neuzeit.* Stuttgart 2015, S. 25–45.

Schilling, Michael: Bildgebende Verfahren auf Nachrichtenblättern der Frühen Neuzeit. In: Messerli, Alfred/Schilling, Michael (Hrsg.): *Die Intermedialität des Flugblatts in der Frühen Neuzeit.* Stuttgart 2015, S. 61–85.

Schilling, Michael: *Illustrierte Flugblätter der Frühen Neuzeit. Kommentierte Edition der Sammlung des kulturhistorischen Museums Magdeburg.* Magdeburg 2012.

Schilling, Michael: Flugblatt und Krise in der Frühen Neuzeit. In: Harms, Wolfgang/Messerli, Alfred (Hrsg.): *Wahrnehmungsgeschichte und Wissensdiskurs im illustrierten Flugblatt der Frühen Neuzeit.* Basel 2002, S. 33–56.

Schilling, Michael: Stadt und Publizistik in der Frühen Neuzeit. In: Garber, Klaus (Hrsg.): *Stadt und Literatur im deutschen Sprachraum der Frühen Neuzeit.* Bd. I. Tübingen 1998, S. 112–141.

Schilling, Michael: *Bildpublizistik der frühen Neuzeit. Aufgaben und Leistungen des illustrierten Flugblatts in Deutschland bis um 1700.* Tübingen 1990.

Schilling, Michael: Allegorie und Satire auf illustrierten Flugblättern des Barock. In: Haug, Walter (Hrsg.): *Formen und Funktionen der Allegorie. Symposium Wolfenbüttel 1978.* Stuttgart 1979, S. 405–418.

Schlögl, Rudolf: *Anwesende und Abwesende. Grundriss für eine Gesellschaftsgeschichte der Frühen Neuzeit.* Konstanz 2014.

Schlögl, Rudolf: Politik beobachten. Öffentlichkeit und Medien in der Frühen Neuzeit. In: *Zeitschrift für Historische Forschung* 25 (2009), S. 581–616.

Schmidt, Heinrich Richard: Sozialdisziplinierung? Ein Plädoyer für das Ende des Etatismus in der Konfessionalisierungsforschung. In: *Historische Zeitschrift* 265 (1997), S. 639–682.

Schnell, Rüdiger: Die 'Offenbarmachung' der Geheimnisse Gottes und die Verheimlichung der Geheimnisse der Menschen. Zum Prozesshaften Charakter des Öffentlichen und Privaten. In: Melville, Gert/Moos, Peter von (Hrsg.): *Das Öffentliche und Private in der Vormoderne.* Köln 1998, S. 359–410.

Schnitzer, Claudia: *Höfische Maskeraden. Funktion und Ausstattung von Verkleidungsdivertissements an deutschen Höfen der Frühen Neuzeit.* Tübingen 1999.

Schnyder, André: *Das geistliche Tagelied des späten Mittelalters und der frühen Neuzeit. Textsammlung, Kommentar und Umrisse einer Gattungsgeschichte.* Tübingen 2004.

Schöller, Bernadette: *Kölner Druckgraphik der Gegenreformation. Ein Beitrag zur Geschichte des Verlags Johann Bussemacher.* Köln 1992.

Schürmann, Eva: *Sehen als Praxis. Ethisch-ästhetische Studien zum Verhältnis von Sicht und Einsicht.* Frankfurt am Main ²2018.

Strauss, Walter L.: *The German single-leaf woodcut 1550–1600.* Bd. 2–3. New York 1975.

Schütz, Liselotte: ‚Traum, -Erscheinungen'. In: *Lexikon der christlichen Ikonographie.* Bd. 4. Freiburg 1972, Sp. 352–354.

Schulze, Reiner (Hrsg.): *Symbolische Kommunikation vor Gericht in der Frühen Neuzeit.* Berlin 2006.

Schulze, Winfried: Gerhard Oestreichs Begriff ‚Sozialdisziplinierung in der Frühen Neuzeit'. In: *Zeitschrift für historische Forschung* 14 (1987), S. 265–302.

Schwerhoff, Gert: *Historische Kriminalitätsforschung.* Frankfurt am Main/New York 2011.

Schwerhoff, Gerd: Kommunikationsraum Dorf und Stadt. Einleitung. In: Burkhardt, Johannes/Werkstetter, Christine (Hrsg.): *Kommunikation und Medien in der Frühen Neuzeit.* München 2005, S. 137–146.

Scribner, Robert W.: *Religion und Kultur in Deutschland 1400–1800.* Göttingen 2002.

Senn, Matthias: *Die Wickiana. Johann Jakob Wicks Nachrichtensammlung aus dem 16. Jahrhundert.* Küsnacht-Zürich 1975.

Shuger, Debora: The „I" of the Beholder. Renaissance Mirrors and the Reflexive Mind. In: Fumerton, Patricia/Hunt, Simon (Hrsg.): *Renaissance Culture and the Everyday.* Pennsylvania 1999, S. 21–41.

Stoll, U.: ‚Schilf'. In: *Lexikon des Mittelalters.* Bd. 7. München 2003, Sp. 1464–1465.

Struwe-Rohr, Carolin: Blinde Flecken. Zur Problematik übersteigerter Vigilanz in Hans Rosenplüts „Die Tinte". In: *Zeitschrift für Deutsche Philologie* (2022), S. 399–414.

Struwe-Rohr, Carolin: Lehrer wider Willen. Der Teufel als ambivalente Lehrerfigur in Des Teufels Netz / Des tüfels segi. In: Ammon, Frieder von/Waltenberger, Michael (Hrsg.): *Lehrerfiguren in der deutschen Literatur. Literaturwissenschaftliche Perspektiven auf Szenarien personaler Didaxe vom Mittelalter bis zur Gegenwart*. Berlin 2020, S. 153–180.

Struwe-Rohr, Carolin/Waltenberger, Michael: Einleitung. In: Bockmann, Jörn/Martin, Alena/Michel, Hannah/Struwe-Rohr, Carolin/Waltenberger, Michael (Hrsg.): *Diabolische Vigilanz. Studien zur Inszenierung von Wachsamkeit in Teufelserzählungen des Spätmittelalters und der Frühen Neuzeit*. Berlin/Boston 2022, S. 1–13.

Tammen, Silke: ‚Wahrnehmung'. In: *Metzler Lexikon der Kunstwissenschaft*. Stuttgart ^{2}2011, S. 474–479.

Theisohn, Philipp: ‚Schilf / Rohr'. In: *Metzler Lexikon literarischer Symbole*. Stutgart ^{3}2021, S. 544–546.

Tropp, Jörg: *Moderne Marketing-Kommunikation. System – Prozess – Management*. Wiesbaden 2011.

Tschopp, Silvia Serena: *Heilsgeschichtliche Deutungsmuster in der Publizistik des Dreißigjährigen Krieges. Pro- und antischwedische Propaganda in Deutschland 1628 bis 1635*. Frankfurt am Main 1991.

Ulbrich, Claudia: Unartige Weiber. Präsenz und Renitenz von Frauen im frühneuzeitlichen Deutschland. In: Dülmen, Richard van (Hrsg.): *Arbeit, Frömmigkeit und Eigensinn. Studien zur historischen Kulturforschung II*. Frankfurt am Main 1990, S. 13–42.

Vögel, Herfried: Beobachtungen zum Verhältnis von Bild und Text im illustrierten Flugblatt der Frühen Neuzeit. In: Messerli, Alfred/Schilling, Michael (Hrsg.): *Die Intermedialität des Flugblatts in der Frühen Neuzeit*. Stuttgart 2015, S. 87–111.

Waltenberger, Michael: Teuflische Ereignishaftigkeit auf Flugblättern von Heinrich Wirri. In: Messerli, Alfred/Schilling, Michael (Hrsg.): *Die Intermedialität des Flugblatts in der Frühen Neuzeit*. Stuttgart 2015, S. 135–156.

Wang, Andreas: *Der ‚Miles Christianus' im 16. und 17. Jahrhundert und seine mittelalterliche Tradition. Ein Beitrag zum Verhältnis von sprachlicher und graphischer Bildlichkeit*. Bern/Frankfurt am Main 1975.

Warncke, Carsten-Peter: Der visuelle Mehrwert. Über die Funktion des Bildes im illustrierten Flugblatt. In: Messerli, Alfred/Schilling, Michael (Hrsg.): *Die Intermedialität des Flugblatts in der Frühen Neuzeit*. Stuttgart 2015, S. 47–60.

Warncke, Carsten-Peter: *Sprechende Bilder – sichtbare Worte. Das Bildverständnis in der frühen Neuzeit*. Wiesbaden 1987.

Weller, Emil: *Die ersten deutschen Zeitungen: herausgegeben mit einer Bibliographie (1505–1599)*. Stuttgart/Tübingen 1872.

Weller, Emil: *Annalen der poetischen Nationalliteratur der Deutschen im XVI. und XVII. Jahrhundert: nach Quellen bearbeitet*. Bd. I. Freiburg 1862.

Wenzel, Horst: Der Heyden Schul. Die doppelte Lesbarkeit des illustrierten Flugblattes. In: Harms, Wolfgang/Messerli, Alfred (Hrsg.): *Wahrnehmungsgeschichte und Wissensdiskurs im illustrierten Flugblatt der Frühen Neuzeit*. Basel 2002, S. 60–77.

Woudenberg, René van: Grenzen der Wissenschaft – Platz für den Glauben. In: Koslowski, Peter/Hauk, Anna Maria (Hrsg.): *Die Vernunft des Glaubens und der Glaube der Vernunft. Die Enzyklika* Fides et Ratio *in der Debatte zwischen Philosophie und Theologie*. München 2007, S. 149–170.

Abbildungsverzeichnis

Abb. 1: *Aufweckende Stunden-Wache*, Mitte des 17. Jahrhunderts, Flugblattexemplar der Herzog August Bibliothek Wolfenbüttel. —— 14

Abb. 2: *Geistliche außlegung des Christlichen Kriegsmans*, 1609, Flugblattexemplar der Herzog August Bibliothek Wolfenbüttel. —— 27

Abb. 3: *Der Geistliche Ritter/ Das ist* [...], 1609, Flugblattexemplar der Staatsbibliothek zu Berlin – Preußischer Kulturbesitz. —— 29

Abb. 4: *MYSTERIUM RATIONIS HUMANAE* [...], nach 1637, Flugblattexemplar der Herzog August Bibliothek Wolfenbüttel. —— 31

Abb. 5: *SCALA COELI ET INFERNI* [...], 1620, Flugblattexemplar der Staatsbibliothek zu Berlin – Preußischer Kulturbesitz. —— 35

Abb. 6: *Die Geistliche Leytter* [...], 1620/30, Flugblattexemplar der Herzog August Bibliothek Wolfenbüttel, Teil I. —— 38

Abb. 7: *Die Geistliche Leytter* [...], 1620/30, Flugblattexemplar der Herzog August Bibliothek Wolfenbüttel, Teil II. —— 39

Abb. 8: *Schaw=Platz/ Aller Schnadrigen/ Vielschwätzigen/ Bapplerin* [...], 1. Drittel des 17. Jahrhunderts, Flugblattexemplar der Herzog August Bibliothek Wolfenbüttel. —— 47

Abb. 9: *wie eyn waldbruder meß hielt*, Holzschnitt aus: La Tour Landry/Marquart/Dürer: *Der Ritter vom Turn* [...], Basel 1493, S. 40. —— 54

Abb. 10: *wie der tufel hynder der meß* [...], Holzschnitt aus La Tour Landry/Marquart/Dürer: *Der Ritter vom Turn* [...], Basel 1493, S. 41. —— 58

Abb. 11: *Der Schnader=Blauder=vnd Schwatzende Gånßmarck*, vor 1652, Flugblattexemplar der Bayerischen Staatsbibliothek München. —— 61

Abb. 12: *Erschrockenlicher gantz grausammer/ warhafftiger Spiegel* [...], 1538, Flugblattexemplar der Zentralbibliothek Zürich. —— 63

Abb. 13: *Von eyner edlen frowen* [...], 1493, Holzschnitt aus La Tour Landry/Marquart/Dürer: *Der Ritter vom Turn* [...], Basel 1493 S. 44. —— 69

Abb. 14: *Anno. 1.6.23. Quinto Novembris eo scripto dieque* [...], 1634/24, Flugblattexemplar der Herzog August Bibliothek Wolfenbüttel. —— 72

Abb. 15: *DEO trin-vni Britanniae bis ultori* [...], 1621, Flugblattexemplar der Herzog August Bibliothek Wolfenbüttel. —— 80

Abb. 16: *Warhafftige unnd eygentliche Beschreibung* [...], 1606, Flugschriftexemplar der SLUB Dresden. —— 83

Abb. 17: *WARHAFTE CONTRAFACTVR* [...], 1606, Flugblattexemplar der Herzog August Bibliothek Wolfenbüttel. —— 91

Abb. 18: *Moord op Jan van Wely*, 1616, Flugblattexemplar der Universität von Amsterdam. —— 100

Abb. 19: *Newe zeytung/ Vnnd warhaffter Bericht eines Jesuiters* [...], 1569, Flugblattexemplar der Zentralbibliothek Zürich. —— 104

Abb. 20: *Ein als Teufel verkleideter Jesuit* [...], 1568, Handschriftenexemplar der Zentralbibliothek Zürich. —— 113

Abb. 21: *Nawe Zeitung/ Wie ein Jesuwider in Teuffels gestalt* [...], 1569, Flugschriftexemplar der Staatsbibliothek zu Berlin – Preußischer Kulturbesitz. —— **115**

Abb. 22: *Ein wunderbarliche Geschicht/ von dreyen Studenten* [...], 1573, Flugblattexemplar der Zentralbibliothek Zürich. —— **118**

www.ingramcontent.com/pod-product-compliance
Lightning Source LLC
Chambersburg PA
CBHW051542230426
43669CB00015B/2699